MARSCH, FR

Action des ethers et des cétones monohalogénés

Gauthier-Villars

Paris **1902**

THÈSES

PRÉSENTÉES

A LA FACULTÉ DES SCIENCES
DE L'UNIVERSITÉ DE PARIS

POUR OBTENIR

LE GRADE DE DOCTEUR ÈS SCIENCES PHYSIQUES,

PAR

M. Fr. MARCH.

1re THÈSE. — ACTION DES ÉTHERS ET CÉTONES MONOHALOGÉNÉS SUR L'ACÉTYLACÉTONE SODÉE.

2e THÈSE. — PROPOSITIONS DONNÉES PAR LA FACULTÉ.

Soutenues le juin 1902, devant la Commission d'Examen.

MM. HALLER, *Président.*
MOISSAN, } *Examinateurs.*
LEDUC, }

PARIS,
GAUTHIER-VILLARS, IMPRIMEUR-LIBRAIRE
DU BUREAU DES LONGITUDES, DE L'ÉCOLE POLYTECHNIQUE,
Quai des Grands-Augustins, 55.

1902

Série A, N° 427
N° d'ordre
1108.

THÈSES

PRÉSENTÉES

A LA FACULTÉ DES SCIENCES

DE L'UNIVERSITÉ DE PARIS

POUR OBTENIR

LE GRADE DE DOCTEUR ÈS SCIENCES PHYSIQUES,

PAR

M. Fr. MARCH.

1re THÈSE. — Action des éthers et cétones monohalogénés sur l'acétylacétone sodée.

2e THÈSE. — Propositions données par la Faculté.

Soutenues le juin 1902, devant la Commission d'Examen.

MM. HALLER, *Président.*
MOISSAN, LEDUC, *Examinateurs.*

PARIS,

GAUTHIER-VILLARS, IMPRIMEUR-LIBRAIRE
DU BUREAU DES LONGITUDES, DE L'ÉCOLE POLYTECHNIQUE,
Quai des Grands-Augustins, 55.

1902

UNIVERSITÉ DE PARIS.

FACULTÉ DES SCIENCES DE PARIS.

PARIS. — IMPRIMERIE GAUTHIER-VILLARS,

3935 Quai des Grands-Augustins, 55.

A MON CHER MAITRE

M. LE PROFESSEUR A. HALLER,

MEMBRE DE L'INSTITUT.

Hommage de profonde reconnaissance.

PREMIÈRE THÈSE.

ACTION DES ÉTHERS ET CÉTONES

MONOHALOGÉNÉS

SUR L'ACÉTYLACÉTONE SODÉE.

INTRODUCTION.

Les composés qui renferment des radicaux négatifs en relation directe avec le méthylène CH^2, l'éther acétylacétique, l'éther malonique, l'éther cyanacétique, par exemple, ainsi que l'a montré M. Haller (¹) dans un Mémoire d'ensemble publié en 1891, étant susceptibles d'échanger facilement de l'hydrogène contre du métal, ont permis la réalisation d'un grand nombre de synthèses, par l'introduction de différents radicaux dans la molécule.

Les dérivés halogénés qui réagissent avec le plus de facilité sur ces composés peuvent se diviser en deux catégories bien distinctes :

1° Les iodures alcooliques;

2° Les chlorures d'acides.

Mais entre ces deux réactions, essentiellement différentes par la nature des composés employés aussi bien que

(¹) Haller, *Annales de Chimie et de Physique*, t. XVI, 6e série, p. 406.

par les propriétés des dérivés obtenus, et participant à la fois de l'une et de l'autre, vient se placer l'action des éthers des acides gras et celle des cétones monohalogénés. Cette réaction permet d'effectuer la synthèse de composés particulièrement intéressants; aussi a-t-elle donné lieu à de nombreuses recherches, avec les éthers acétylacétiques, maloniques et cyanacétiques sodés.

La condensation des éthers monohalogénés avec les éthers acétylacétiques et maloniques sodés a fait l'objet, en effet, des travaux de MM. Conrad, Miehle, Wislicenus et Limpach, Emery, Bischoff et a principalement fourni à ces savants les éthers acétylsucciniques, α-acétylglutariques, β-acétyltricarballyliques, etc.

Avec l'éther cyanacétique sodé, ces mêmes dérivés ont permis à MM. Haller et Barthe (1) de préparer les éthers cyanosucciniques, cyanotricarballyliques et cyanoglutariques.

L'action des cétones monohalogénées n'a été effectuée qu'avec l'éther acétylacétique. Ce dernier se condense en effet avec la monochloracétone pour donner naissance à l'α-β-diacétylpropionate d'éthyle, préparé et étudié par MM. Weltner (2), Paal (3), Ossipoff (4) d'une part, et avec la bromacétophénone d'autre part, en fournissant l'éther acétophénonacétylacétique étudié par M. Paal (5).

L'acétylacétone, comme les composés ci-dessus, se prête aussi, par son dérivé sodé, à la réaction des iodures alcooliques et à celle des chlorures d'acides. L'introduction de radicaux alcooliques a conduit M. A. Combes à la synthèse de β-dicétones substituées. L'action des chlorures

---

(1) HALLER et BARTHE, *Comptes rendus*, t. CVI, p. 1413; BARTHE, *Comptes rendus*, t. CXVIII, p. 1268.

(2) WELTNER, *Ber. d. D. Ges.*, t. XVII, p. 66.

(3) PAAL, *Ber. d. D. Ges.*, t. XVII, p. 2760.

(4) OSSIPOFF, *Soc. chim.*, t. III, 1890, p. 326.

(5) PAAL, *Ber. d. D. Ges.*, t. XVII, p. 913.

d'acides a particulièrement été étudiée par MM. Claisen et Nef.

Mais il n'est nullement fait mention, dans l'histoire de l'acétylacétone, d'essais de condensation de cette β-dicétone avec les éthers monohalogénés. Il en est de même des cétones monohalogénées; seule l'action de la bromacétone a été effectuée par M. Magnanini (1), mais cet auteur s'est borné à préparer l'acétyldiméthylpyrrol en faisant agir l'ammoniaque sur le produit brut de la réaction sans pouvoir isoler l'acétonylacétylacétone qui aurait dû se former.

C'est là l'étude que j'ai poursuivie sur les bienveillants conseils de mon maître éminent, M. le professeur Haller, auquel je suis heureux d'adresser ici mes sincères remercîments et l'expression de ma vive reconnaissance pour les encouragements qu'il n'a cessé de me prodiguer.

Je tiens à remercier également M. le professeur Béhal et M. Bouveault, maître de Conférences à la Faculté des Sciences de Paris, pour l'intérêt qu'ils ont bien voulu porter à mes recherches.

Je diviserai mon travail en deux Parties : dans la première, j'étudierai l'action des éthers monohalogénés des acides saturés de la série grasse sur l'acétylacétone sodée; dans la deuxième Partie, l'action des cétones monohalogénées.

Première Partie. — La première Partie comprend quatre Chapitres :

Le Chapitre I est relatif aux éthers monochloracétiques et comprend l'étude du ββ-diacétylpropionate d'éthyle ou de méthyle et de leurs dérivés.

Le Chapitre II étudie l'action de l'éther α-bromo-propionique qui fournit l'α-méthyl-ββ-diacétylpropionate d'éthyle.

Le Chapitre III concerne les éthers γ-γ-diacétylbutyriques obtenus avec les éthers β-chloropropioniques.

---

(1) MAGNANINI, *Gazz. chim. ital.*, 1re série, t. XXIII, p. 462.

Enfin le Chapitre IV a trait à l'action de l'éther bromo-isobutyrique.

Seconde Partie. — La seconde Partie comprend deux Chapitres :

Le Chapitre I étudie l'action de la monochloracétone sur l'acétylacétone sodée qui conduit à la préparation de l'acétonylacétylacétone.

Le Chapitre II, relatif à l'action de la bromo-acétophénone, présente l'étude de la phénacylacétylacétone et du phényl-1-méthyl-4-acétyl-3-furfurane.

PREMIÈRE PARTIE.

CHAPITRE I.

ACTION DES ÉTHERS MONOCHLORACÉTIQUES SUR L'ACÉTYLACÉTONE SODÉE.

Si l'on étudie la condensation de l'éther acétylacétique avec les éthers monohalogénés des acides saturés de la série grasse, on constate que les auteurs qui l'ont effectuée ont employé deux procédés différents:

Les uns dissolvent l'éther acétylacétique dans le benzène, ajoutent la quantité théorique de sodium en fils, puis, après dissolution du métal, la quantité correspondante d'éther monohalogéné. Le mélange est ensuite chauffé au bain-marie avec réfrigérant à reflux pendant quelques heures jusqu'à ce que la réaction, qui commence à froid, soit achevée. C'est ainsi qu'ont été obtenus, soit l'éther acétylsuccinique par Conrad (¹) avec l'éther monochloracétique, soit l'éther α-acétylglutarique par Wislicenus et Limpach (²) avec l'éther β-iodopropionique. C'est aussi par ce procédé que Miehle (³) a préparé l'éther acétyltricarballylique au moyen de l'éther acétylsuccinique et de l'éther monochloracétique.

D'autres, au contraire, qui ont repris et poursuivi ces expériences, préfèrent préparer le dérivé sodé au moyen de l'éthylate de sodium et ajouter à la solution alcoolique obtenue l'éther halogéné. La réaction se fait facilement, même à froid. On la termine en chauffant quelques instants au bain-marie. De cette façon ont été conduites les condensations de l'éther acétylacétique sodé avec les éthers bro-

(¹) CONRAD, *Lieb. Ann.*, t. CLXXXVIII, 1878, p. 218.
(²) WISLICENUS et LIMPACH, *Lieb. Ann.*, t. CXCII, 1880, p. 128.
(³) MIEHLE, *Lieb. Ann.*, t. CXC, 1879, p. 322.

macétiques, β-bromopropionique, chlorosuccinique et bromolévulique par Emery ([1]), avec les éthers monochloracétiques et α-bromopropionique par Bischoff ([2]), avec l'éther α-bromobutyrique normal par Thorne ([3]).

I. — Action du monochloracétate d'éthyle.

C'est à ce dernier procédé que je me suis d'abord adressé pour tenter la condensation de l'acétylacétone sodée avec le monochloracétate d'éthyle.

J'ai dissous $5^g,7$ de sodium dans 80^g environ d'alcool absolu et ajouté l'éthylate de sodium ainsi formé à 25^g d'acétylacétone. Le liquide s'échauffe et le dérivé sodé cristallise en partie. Après refroidissement j'ai ajouté 36^g de monochloracétate d'éthyle. La réaction ne paraissant pas s'effectuer à froid, j'ai chauffé au bain-marie dans un appareil à reflux pendant 3 heures. Le mélange étant encore alcalin, on a continué à chauffer. Au bout de 8 heures la réaction est devenue légèrement acide. On a séparé à la trompe le précipité formé, qui est constitué par du chlorure de sodium. Le liquide a été distillé dans le vide; le thermomètre s'élève jusqu'à 150° sous 25^{mm}. De 100° à 150° sous 25^{mm} il passe une huile jaune, insoluble dans l'eau, mais il m'a été impossible d'isoler un produit à point d'ébullition constant.

Cet échec pouvant être attribué à l'emploi de l'alcool et de l'éthylate de sodium qui décomposent sans doute le produit de condensation, comme cela se produit dans l'action du monochloracétate d'éthyle sur la méthylhepténone ([4]), j'ai chauffé le dérivé sodé sec de l'acétylacétone

---

([1]) EMERY, *Ber. d. D. Ges.*, t. XXIII, 2e série, p. 3755; 1re série, t. XXIV, p. 285; t. XXIX, p. 984.

([2]) BISCHOFF, *Ber. d. D. Ges.*, 1re série, t. XXIII, p. 634, et 1re série, t. XXIX, p. 969.

([3]) THORNE, *Chem. Soc.*, t. XXXIX, p. 337.

([4]) BARBIER et LESER, *Soc. Chim.*, t. XVII, p. 748.

avec un excès de monochloracétate d'éthyle en tubes scellés à 150° pendant 3 heures. Le contenu des tubes a été traité par l'eau; celle-ci précipite une huile rouge qui a été extraite au moyen de l'éther. Après évaporation de ce dissolvant, la distillation dans le vide a fourni une première portion passant de 30° à 100° sous 25^{mm}, renfermant de l'éther monochloracétique et de l'acétylacétone qui n'ont pas réagi, et une deuxième portion huileuse, assez fortement colorée en jaune, distillant de 130° à 150° sous 20^{mm}. Cette portion, après plusieurs rectifications, fournit un liquide bouillant à 148°-152° sous 28^{mm}.

ββ-DIACÉTYLPROPIONATE D'ÉTHYLE.

Préparation. — Dans la préparation du liquide ci-dessus, pour éviter l'emploi des tubes scellés, toujours fort incommodes et pour augmenter les rendements, qui atteignent alors jusqu'à 70 pour 100 du rendement théorique, il est préférable d'opérer de la façon suivante:

Dans un ballon de 1^l, on dissout 50^g d'acétylacétone dans 200^g environ d'éther anhydre; on ajoute $11^g,5$ de sodium en fils par petites portions, en ayant soin d'agiter fréquemment. L'éther se met à bouillir, on le condense dans un réfrigérant à reflux. On laisse le mélange s'échauffer légèrement de lui-même; la dissolution du sodium est alors plus rapide. Quand la réaction est à peu près terminée, on verse le tout dans une capsule de porcelaine pour écraser le dérivé sodé formé et mettre à nu le sodium inattaqué. On chasse ensuite l'éther dans le vide. On obtient ainsi le sel de sodium de l'acétylacétone sec. On le débarrasse rapidement du sodium en excès et on l'introduit dans un ballon de 500^{cm^3}. On ajoute un grand excès de monochloracétate d'éthyle (100^g), et le mélange pâteux ainsi obtenu, après avoir été fortement agité, est chauffé au bain d'huile à 120°-130° avec réfrigérant à reflux pendant 8 heures environ, en agitant de temps à autre jusqu'à réaction neutre au tournesol.

On verse alors le tout dans de l'eau qui dissout le chlorure de sodium, et l'on extrait avec de l'éther l'huile rougeâtre précipitée. On sèche la solution éthérée sur le sulfate de soude anhydre et l'on distille l'éther au bain-marie. Le liquide restant est fractionné dans le vide et fournit deux portions : la première passe avant 130° sous 24mm et contient le monochloracétate d'éthyle en excès et un peu d'acétylacétone; la deuxième bout de 130° à 155° sous 24mm. Au-dessus de 155° passe un liquide fortement coloré en rouge brun qui se décompose à la distillation et se résinifie.

La portion 130°-155° sous 24mm (65g environ) redistillée fournit de 50g à 60g de produit bouillant à 140°-150° sous 24mm, la majeure partie passant à 144°-146°.

Le produit obtenu à l'état pur passant à 144°-146° sous 24mm a été soumis à l'analyse et a fourni les résultats suivants :

Première analyse. — Substance, 0,3270; CO^2, 0,6924; H^2O, 0,2159.

Seconde analyse. — Substance, 0,2817; CO^2, 0,6010; H^2O, 0,1905.

Soit en centièmes :

	Trouvé. I.	Trouvé. II.	Calculé pour $C^9H^{14}O^4$.
C.........	57,74	58,16	58,06
H.........	7,33	7,51	7,53

Détermination du poids moléculaire. — La détermination du poids moléculaire effectuée par la méthode cryoscopique a conduit aux résultats suivants :

Substance........................	1g,9841
Poids de benzène.................	51g,043
Point de congélation du benzène....	5°,73
» de la dissolution	4°,70
Abaissement du point de congélation	1°,03

Poids moléculaire trouvé, 185; calculé pour $C^9H^{14}O^4$, 186.

Ces résultats, ainsi que la préparation de ce composé et ses propriétés étudiées plus loin, lui assignent la formule

$$(CH^3-CO)^2 = CH - CH^2 - COOC^2H^5$$

et en font le ββ-diacétylpropionate d'éthyle formé d'après l'équation

$$\begin{matrix} CH^3-CO \\ CH^3-CO \end{matrix}\!\!>CHNa + CH^2Cl - COOC^2H^5$$
$$= \begin{matrix} CH^3-CO \\ CH^3-CO \end{matrix}\!\!>CH - CH^2 - COOC^2H^5 + NaCl.$$

C'est là le second terme d'une série dont le premier seul était connu, le diacétylacétate d'éthyle

$$\begin{matrix} CH^3-CO \\ CH^3-CO \end{matrix}\!\!>CH - COOC^2H^5$$

obtenu par Elion [1] par l'action du chlorure d'acétyle sur l'éther acétylacétique sodé et par Claisen et Zedel [2], mais en très petite quantité, au moyen de l'acétylacétone sodée et de l'éther chlorocarbonique. Cet éther, fonctionnant comme chlorure d'acide, fournit surtout de l'acétylacétone-O-carbonate d'éthyle.

Le ββ-diacétylpropionate d'éthyle est un liquide huileux, presque incolore, soluble en toutes proportions dans l'alcool et dans l'éther, insoluble dans l'eau. Sa densité a été déterminée à 15°. 20^{cm^3} contiennent, à 15°, $21^g,8625$ de substance. D'où

$$D_{15} = 1,093.$$

Ce composé offre toutes les réactions communes aux β-dicétones. Sa solution alcoolique est colorée par $FeCl^3$ en rouge violet intense et donne avec l'acétate de cuivre un

(1) ELION, *Rec. Trav. Chim. Pays-Bas*, t. III, p. 250.

(2) CLAISEN et ZEDEL, *Lieb. Ann.*, t. CCLXXVII, p. 162.

précipité gris. Le carbonate de soude, en solution même étendue, le dissout facilement. L'addition d'un acide le reprécipite.

DÉRIVÉS MÉTALLIQUES.

Dérivé sodique. — Le meilleur procédé pour obtenir ce dérivé sodé est celui qui a été indiqué par Vaillant ([1]) pour la dithioacétylacétone.

On dissout 3g,7 de sodium dans le moins possible d'alcool absolu. On dilue dans beaucoup d'éther anhydre et on l'ajoute à 30g de ββ-diacétylpropionate d'éthyle dissous dans l'éther anhydre. On ajoute de l'éther jusqu'à l'apparition d'un trouble. Au bout de quelques heures le dérivé sodé est précipité en poudre blanche. Mais, si l'on filtre à la trompe le précipité et qu'on chasse l'éther dans le vide, la poudre obtenue est tellement déliquescente à l'air et se décompose si rapidement, qu'il m'a été impossible d'en effectuer l'analyse.

Dérivé cuivrique. — Le ββ-diacétylpropionate d'éthyle est dissous dans l'alcool, puis traité par une solution concentrée d'acétate de cuivre. Il se forme un volumineux précipité gris clair qui est essoré, lavé à l'eau distillée, à l'éther, puis séché. Il fond à 179° en se décomposant ; il est soluble dans le chloroforme, qu'il colore en vert foncé et d'où il cristallise ; il est insoluble dans l'alcool, l'eau, l'éther.

Le dosage du cuivre de ce composé lui assigne la formule $(C^9H^{13}O^4)^2Cu$.

Substance, 1g,5579 ; poids de CuO, 0g,2823.

Soit en centièmes :

	Trouvé.	Calculé pour $(C^9H^{13}O^4)^2Cu$.
Cu	14,53	14,54

([1]) VAILLANT, *Soc. Chim.*, t. XV, p. 514.

Sel de nickel. — Le ββ-diacétylpropionate d'éthyle en solution alcoolique ne précipite pas l'acétate de nickel. J'ai essayé d'en faire un sel par double décomposition du dérivé sodé et de l'acétate de nickel.

10^g d'éther ont été traités par $1^g,2$ de sodium dissous dans l'alcool absolu en ayant soin de refroidir. On a ajouté immédiatement une solution aqueuse d'acétate de nickel; il s'est formé un précipité vert clair, insoluble dans l'éther, très peu soluble dans l'eau, difficilement soluble dans le chloroforme. Il se décompose avant de fondre.

L'analyse de ce composé a fourni pour le nickel les résultats suivants :

Substance, $1^g,5011$; poids de Ni^2O^3, $0^g,2889$.

Soit en centièmes :

	Trouvé.	Calculé pour $(C^9H^{14}O^4)^2Ni$.
Ni....................	13,65	13,67

SAPONIFICATION DE L'ÉTHER ββ-DIACÉTYLPROPIONIQUE.

Tous les essais de saponification du ββ-diacétylpropionate d'éthyle effectués en vue d'obtenir l'acide correspondant $(CH^3-CO)^2 = CH - CH^2 - COOH$ n'ont abouti à aucun résultat. Cet éther se scinde toujours sous l'influence des alcalis, même très dilués, ainsi que des acides, en acide acétique et acide lévulique, comme nous allons le voir.

ACIDE LÉVULIQUE.

Action de l'eau. — L'eau à 100° n'attaque que très faiblement l'éther ββ-diacétylpropionique.

J'ai chauffé en tubes scellés pendant 5 heures, à 150°, 15^g d'éther avec cinq fois environ son poids d'eau. Après refroidissement l'huile a disparu, et le liquide a pris une teinte uniforme jaunâtre. Il s'est formé, en même temps, une petite quantité de résines. On les sépare par filtration et l'on épuise au moyen de l'éther. Ce dernier abandonne un liquide qui fournit à la distillation dans le vide, d'abord de l'*acide acétique*, puis, vers 160° sous 35^{mm}, une huile jaune constituée par de l'*acide lévulique*. Cet acide a été caractérisé au moyen de sa semi-carbazone, qui a été préparée comme l'indique M. Blaise [1] et fond à 187°.

Dosage d'azote. — Substance, 0,1190; volume d'azote, 26^{cm^3}; pression, $757^{mm},6$; température, 22°.

	Trouvé.	Calculé pour $C^6H^{11}Az^3O^3$.
Az.....	24,56 pour 100	24,27 pour 100

L'éther ββ-diacétylpropionique est par conséquent dédoublé sous l'influence de l'eau à 150°, suivant l'équation

$$\begin{matrix} CH^3-CO \\ CH^3-CO \end{matrix}\Big> CH - CH^2 - COOC^2H^5 + 2H^2O$$
$$= CH^3-COOH + CH^3-CO-CH^2-CH^2-COOH + C^2H^5OH.$$

Action des alcalis. — Les alcalis décomposent également cet éther de la même façon.

20^g de ββ-diacétylpropionate d'éthyle ont été traités par 30^g de lessive de soude à 36° B. L'huile se dissout avec dégagement de chaleur; on a chauffé au bain-marie pendant 1 heure, acidulé ensuite par HCl, épuisé au moyen de l'éther. On obtient ainsi avec un bon rendement une huile rougeâtre qui, soumise à la distillation, fournit d'abord de l'acide acétique, puis, de 140° à 160° sous 40^{mm}, de l'*acide lévulique*, qu'une nouvelle distillation permet d'obtenir pur, et qui a été caractérisé, comme je l'ai déjà indiqué ci-dessus, au moyen de sa semi-carbazone.

Ce procédé permet par conséquent de réaliser une nouvelle synthèse de l'acide lévulique analogue à celle qui a

---

(1) BLAISE, *Thèse de doctorat*, p. 83. Paris.

déjà été effectuée par M. Conrad ([1]) par saponification de l'éther acétylsuccinique

$$CH^3-CO-\underset{\displaystyle COOC^2H^5}{CH}-CH^2-COOC^2H^5.$$

ACTION DE L'IODURE DE MÉTHYLE EN PRÉSENCE D'ÉTHYLATE DE SODIUM.

Le ββ-diacétylpropionate d'éthyle donnant un dérivé sodé, on pouvait espérer préparer le ββ-diacétyl-β-méthylpropionate d'éthyle au moyen de l'iodure de méthyle.

18g,6 d'éther ββ-diacétylpropionique ont été additionnés de 2g,3 de Na dissous dans 50g d'alcool absolu, et de 17g d'iodure de méthyle (q. th., 14,2). On a chauffé 5 heures au bain-marie avec un appareil à reflux. On a ensuite distillé l'alcool au bain-marie; cet alcool a une forte odeur d'*éther acétique*, et, en effet, si l'on a soin d'étendre d'eau saturée de NaCl, cet éther se précipite. Le résidu, après séparation de l'alcool, est traité par l'eau, épuisé avec de l'éther. Ce dernier abandonne un liquide jaune qui passe à 110° sous 30mm, et 204°-206° à la pression ordinaire, avec un rendement à peu près théorique, et qui donne à l'analyse les nombres suivants qui correspondent non pas au ββ-diacétyl-β-méthylpropionate d'éthyle, mais à l'éther β-*méthyllévulique*.

Substance, 0,1358; H^2O, 0,1065; CO^2, 0,3006.

Soit en centièmes :

	Trouvé.	Calculé pour $C^8H^{14}O^3$.
H	8,71	8,86
C	60,36	60,76

Ce β-méthyllévulate d'éthyle a pris naissance en même

([1]) CONRAD, *Ann. Lieb.*, t. CLXXXVIII, 1878, p. 218.

temps que l'éther acétique, d'après la réaction

$$\begin{matrix} CH^3-CO \\ CH^3-CO \end{matrix}\!\!>\!CH-CH^2-COOC^2H^5+C^2H^5ONa+CH^3I$$
$$= NaI + CH^3-COOC^2H^5$$
$$+ CH^3-CO-\underset{\displaystyle CH^3}{\overset{|}{CH}}-CH^2-COOC^2H^5.$$

Cet éther fournit d'ailleurs, par saponification au moyen d'une lessive de soude concentrée, un liquide qui bout à 236°-245° à la pression ordinaire, constitué par de l'acide β-*méthyllévulique*, ce dernier ayant en effet 242° pour point d'ébullition.

Cet acide a été, de plus, caractérisé au moyen de sa *semi-carbazone*, qui fond à 197° comme celle déjà obtenue par M. Blaise (*Soc. Chim.*, t. XXIII, p. 919), et qui donne comme teneur en azote les résultats suivants :

Substance, 0,2105 ; pression, 743^{mm},2 ; température, 11° ; volume d'azote, 41$^{cm^3}$.

Soit en centièmes :

	Trouvé.	Calculé pour $C^7H^{13}O^3Az^3$.
Az................	22,58	22,46

ACTION DE L'ÉTHYLATE DE SODIUM.

Si l'on fait agir l'éthylate de sodium seul sans iodure alcoolique, on obtient du lévulate d'éthyle avec un rendement à peu près théorique.

18^g,6 de ββ-diacétylpropionate d'éthyle ont été additionnés de 2^g,3 de sodium dissous dans 50^g d'alcool absolu. L'opération a été conduite comme pour l'action de CH^3I. On obtient un liquide passant de 200° à 210° qui, après avoir été de nouveau fractionné, distille en majeure partie à 203°-205°. L'analyse de ce liquide a conduit au *lévulate d'éthyle* $CH^3-CO-CH^2-CH^2COOC^2H^5$, qui bout en effet à 205°.

Substance, 0,2393; H^2O, 0,1752; CO^2, 0,5172.

Soit en centièmes :

	Trouvé.	Calculé pour $C^7H^{12}O^3$.
H..................	8,13	7,69
C..................	58,94	58,74

La réaction qui lui a donné naissance peut donc être exprimée par l'équation

$$(CH^3-CO)^2CH-CH^2-CO\,OC^2H^5+C^2H^5ONa+H^2O$$
$$=CH^3CO\,ONa+CH^3-CO-CH^2-CH^2-CO^2C^2H^5+C^2H^5OH.$$

La fonction β-dicétonique de l'éther ββ-diacétylpropionique peut être facilement caractérisée, ce composé se combinant à la phénylhydrazine, à l'hydroxylamine et à la semi-carbazide.

PHÉNYL-1-DIMÉTHYL-3-5-PYRAZOL-ÉTHANOATE D'ÉTHYLE-4.

18g,6 de diacétylpropionate d'éthyle sont dissous dans l'alcool. On ajoute une solution de 14g,5 de chlorhydrate de phénylhydrazine et 15g d'acétate de soude dans le moins d'eau possible. On chauffe quelques minutes au bain-marie; on traite par l'eau et l'on décante l'huile rougeâtre qui est précipitée; on la dissout dans l'éther, qui abandonne par évaporation des cristaux, incolores après plusieurs cristallisations, fondant à 87°-88°, insolubles dans l'eau, très solubles dans l'alcool, dans l'éther, dans le benzène.

L'analyse de ce composé lui assigne la formule

$$C^{15}H^{18}Az^2O^2.$$

I. Substance, 0,2792; H^2O, 0,1741; CO^2, 0,7131.

II. Substance, 0,2870; H^2O, 0,1814; CO^2, 0,7353.

Soit en centièmes :

	Trouvé. I.	Trouvé. II.	Calculé pour $C^{15}H^{18}Az^2O^2$.
H............	6,93	7,02	6,97
C............	69,65	69,87	69,76

Dosage d'azote. — Substance, 0,3014 ; pression, 746mm ; température, 11° ; volume d'azote, 28cm³, 2.

Soit en centièmes :

	Trouvé.	Calculé pour $C^{15}H^{18}Az^2O^2$.
Az................	11,04	10,85

Cette formule correspond au *phényl-1-diméthyl-3-5-pyrazol-éthanoate d'éthyle-4*, formé par la fixation de 1mol de phénylhydrazine sur le ββ-diacétylpropionate d'éthyle avec départ de 2mol d'eau, comme cela a lieu pour l'acétylacétone elle-même (1), d'après l'équation :

$$\begin{matrix} CH^3-CO \\ CH^3-CO \end{matrix}\!\!>\!CH-CH^2-COOC^2H^5+(C^6H^5)AzH-AzH^2$$

$$\begin{matrix} & & CH^2-COOC^2H^5 & & \\ & & | & & \\ =CH^3-C & - & C=C-CH^3 & & +2H^2O. \\ \| & & | & & \\ Az & \text{———} & Az-C^6H^5 & & \end{matrix}$$

J'ai essayé d'établir d'une façon certaine la constitution de ce composé telle qu'elle est indiquée par la formule précédente, formule analogue à celle du pyrazol obtenu avec l'acétylacétone. J'ai, pour cela, saponifié cet éther et tenté ensuite de transformer l'acide phényl-1-diméthyl-3-5-pyrazol-acétique ainsi formé en un pyrazol déjà connu. J'espérais obtenir par départ de CO^2 le triméthyl-3-4-5-phényl-1-pyrazol, préparé par M. Posner (2) par l'action de la phénylhydrazine sur la méthylacétylacétone.

(1) Combes, *Bull. Soc. Chim.*, t. L, p. 145.

(2) Posner, *Ber. d. D. Ges.*, 1901, t. XXXIV, p. 3980.

ACIDE PHÉNYL-1-DIMÉTHYL-3-5-PYRAZOLACÉTIQUE-4.

25g de phényldiméthylpyrazol-acétate d'éthyle ont été additionnés de 20g de lessive de soude concentrée. On a ajouté suffisamment d'alcool pour dissoudre le tout et chauffé au bain-marie pendant 1 heure. Après avoir distillé l'alcool, on a étendu d'eau et épuisé avec de l'éther.

L'addition d'acide acétique précipite alors une huile rouge qui ne tarde pas à se solidifier. Le produit ainsi obtenu est broyé dans un mortier avec de l'éther de pétrole, qui entraîne une grande partie des impuretés, et dissous ensuite dans l'éther bouillant.

Après plusieurs cristallisations on obtient des cristaux incolores fondant à 140°-141°, très solubles dans l'alcool, surtout à chaud, peu solubles dans l'éther froid, davantage à l'ébullition, insolubles dans l'éther de pétrole.

L'analyse de ce composé a fourni les résultats suivants :

Dosages de carbone et hydrogène. — Substance, 0,2046; CO^2, 0,5086; H^2O, 0,1170.

Soit en centièmes :

	Trouvé.	Calculé pour $C^{13}H^{14}Az^2O^2$.
C	67,79	67,82
H	6,35	6,08

Dosage d'azote. — Substance, 0,4398; volume d'Az, 46^{cm^3}; température, 14°; pression 756^{mm},8.

Soit en centièmes :

	Trouvé.	Calculé pour $C^{13}H^{14}Az^2O^2$.
Az	12,05	12,17

Cet acide

```
            CH² — COOH
             |
CH³ — C — C = C — CH³
      ||        |
      Az ——— Az — C⁶H⁵
```

a été ensuite mélangé avec de la chaux et chauffé dans une cornue. Dans ces conditions je n'ai pu obtenir le triméthyl-3-4-5-phényl-1-pyrazol cherché par perte d'acide carbonique.

La décomposition est beaucoup plus profonde, et l'on obtient à la distillation un mélange de vapeur d'eau et d'aniline.

SEL DE CUIVRE.

La solution alcoolique de cet acide, traitée par l'acétate de cuivre, fournit un précipité violet de sel de cuivre insoluble dans l'eau, fondant à 222°.

Dosage du cuivre. — Substance, 0,3953; CuO, 0,0583;

	Trouvé.	Calculé pour $(C^{13}H^{13}Az^2O^2)^2Cu$.
Cu	11,82 pour 100	12,09 pour 100

ACTION DE LA SEMI-CARBAZIDE.

Si l'on traite $1^g,86$ de ββ-diacétylpropionate d'éthyle (1^{mol}) par une solution de $1^g,11$ de chlorhydrate de semicarbazide (4^{mol}) et 2^g d'acétate de soude dans 10^g d'eau environ et qu'on agite fortement, on constate bientôt la précipitation d'une huile épaisse jaunâtre qui ne tarde pas à se solidifier. On sépare à la trompe le précipité formé, on le lave à l'eau distillée et on le sèche. Ce précipité est en partie soluble dans l'éther. On l'épuise au moyen de ce solvant dans l'appareil de Soxhlet. On obtient ainsi deux produits, l'un soluble qui fond à 121°-122° au bloc Maquenne, l'autre insoluble fondant à 224°-225°.

3-5-DIMÉTHYL-PYRAZOL-4-ÉTHANOATE D'ÉTHYLE-1-CARBONAMIDE.

La partie soluble dans l'éther qui, après évaporation de ce solvant, cristallise en prismes incolores fondant à 121°-122°, correspond au composé $C^8H^{15}O^3Az^3$, ainsi que le montrent les dosages de C, H et Az.

Dosages de carbone et hydrogène. — Substance, 0,2648; H^2O, 0,1594; CO^2, 0,5170.

Dosage d'azote. — Substance, 0,2702; pression, 766^{mm},5; volume 42$^{cm^3}$,5; température, 8°.

	Trouvé.	Calculé pour $C^8H^{12}O^3Az^4$.
C	53,24	53,33
H	6,68	6,66
Az	19,06	18,66

1^{mol} de semi-carbazide a réagi sur l'éther diacétylpropionique d'après l'équation

$$\begin{matrix} CH^3-CO \\ CH^3-CO \end{matrix}\!\!>CH-CH^2-COOC^2H^5+CO\!<\!\begin{matrix} AzH^2 \\ AzH-AzH^2 \end{matrix}$$

$$= 2H^2O + CH^3-\underset{\underset{Az}{\|}}{C}-\overset{\overset{CH^2-COOC^2H^5}{|}}{C}=C-CH^3, \quad Az\text{———}Az-CO-AzH^2$$

et donne ainsi le 3-5-diméthylpyrazol-4-éthanoate d'éthyle-1-carbonamide.

DISEMI-CARBAZONE DU ββ-DIACÉTYLPROPIONATE D'ÉTHYLE.

Le résidu insoluble dans l'éther, fondant à 224°-225° après un épuisement longtemps répété, est constitué par une poudre blanche insoluble aussi dans l'eau et dans l'alcool. Les dosages du carbone, de l'hydrogène et de l'azote de ce composé fournissent les résultats suivants :

Dosages de carbone et hydrogène. — Substance, 0,2623; CO^2, 0,4227; H^2O, 0,1559.

Dosage de l'azote. — Substance, 0,1710; volume, 40$^{cm^3}$,5; température, 10°; pression 746^{mm}.

Soit en centièmes :

	Trouvé.	Calculé pour $C^{11}H^{20}O^4Az^6$.
C	43,95	44,00
H	6,60	6,66
Az	27,77	28,00

résultats qui conduisent à assigner à ce composé la formule $C^{11}H^{20}O^{4}Az^{6}$ de la disemi-carbazone de l'éther $\beta\beta_1$-diacétylpropionique, formée par l'union de 2^{mol} de semi-carbazide à une seule d'éther dicétonique, d'après l'équation

$$\left.\begin{array}{l}CH^3-CO\\CH^3-CO\end{array}\right>CH-CH^2-COOC^2H^5+2CO\left<\begin{array}{l}AzH^2\\AzH-AzH^2\end{array}\right.$$

$$=2H^2O+\begin{array}{c}CH^2-COOC^2H^5\\|\\CH^3-\underset{\underset{AzH^2-CO-AzH-Az}{\|}}{C}-CH-\underset{\underset{Az-AzH-CO-AzH^2.}{\|}}{C}-CH^3.\end{array}$$

On voit que l'action de la semi-carbazide sur le $\beta\beta_1$-diacétylpropionate d'éthyle diffère de l'action de ce même composé sur l'acétylacétone. Dans le cas qui nous occupe, en employant un excès d'éther $\beta\beta_1$-diacétylpropionique, on obtient toujours un mélange des deux composés. Avec l'acétylacétone, au contraire, la semicarbazide ne fournit qu'un dérivé, le 3-5-diméthylpyrazol-1-carbonamide, fondant à 108°-109° et préparé par M. Bouveault [*Soc. chim.*, (1), 1898, p. 77], M. Posner ayant montré (*Ber.*, t. XXXIV, 1901, p. 3980) qu'il était impossible de fixer 2^{mol} de semi-carbazide sur 1^{mol} d'acétylacétone ou de méthylacétylacétone.

ACTION DE L'HYDROXYLAMINE.

3-5-DIMÉTHYL-1-2-OXAZOL-4-ÉTHANOATE D'ÉTHYLE.

50^g de $\beta\beta_1$-diacétylpropionate d'éthyle sont dissous dans l'alcool, on ajoute une solution de 25^g de chlorhydrate d'hydroxylamine dans le moins d'eau possible, puis peu à peu 25^g de CO^3K^2. On chauffe au bain-marie pendant 12 heures. On distille l'alcool, on épuise au moyen de l'éther. On obtient ainsi 25^g environ d'une huile qui, distillée dans le vide, passe à 152° sous 25^{mm}. C'est un liquide légèrement coloré en jaune, soluble dans l'éther et dans l'alcool, insoluble dans l'eau.

L'analyse de ce composé lui assigne la formule

$C^9H^{13}O^3Az$ ou

$$\begin{array}{c} CH^2-COOC^2H^5 \\ | \\ CH^3-C-C=C-CH^3 \\ \| \quad\quad | \\ Az\text{———}O \end{array}$$

et montre qu'il est formé par l'action de 1^mol d'hydroxylamine sur 1^mol d'éther dicétonique avec élimination de 2^mol d'eau. C'est d'ailleurs encore ce composé qui se produit quand on emploie un excès d'hydroxylamine.

Dosages de carbone et hydrogène. — Substance, 0,2263; CO^2, 0,4901; H^2O, 0,1496.

Dosage d'azote. — Substance, 0,3053; pression, 761^mm,3; température, 8°; volume d'azote, 21^cm³.

Soit en centièmes :

	Trouvé.	Calculé pour $C^9H^{13}O^3Az$.
C	59,06	59,01
H	7,34	7,10
Az	8,31	7,65

ACIDE-3-5-DIMÉTHYL-1-2-OXAZOL-4-ÉTHANOÏQUE.

Le 3-5-diméthyl-1-2-oxazol-4-éthanoate d'éthyle fournit par saponification l'acide correspondant : 25^g de cet éther sont traités par 50^g de lessive de soude concentrée (36° Baumé). Une forte odeur d'ammoniaque et d'amine se dégage ; le liquide s'échauffe fortement. On laisse séjourner 24 heures en agitant jusqu'à dissolution de la partie huileuse qui surnage, puis on acidifie par de l'acide chlorhydrique. Le liquide, d'abord rougeâtre, prend tout à coup une coloration jaune et alors commence la précipitation d'un produit cristallin en assez grande quantité. On essore à la trompe et on lave le produit avec un peu d'eau distillée ; on l'obtient de cette façon à peu près incolore. La partie liquide est épuisée à plusieurs reprises au moyen de l'éther. Cet éther évaporé fournit de nouvelles quantités d'acide.

Le produit ainsi obtenu, après cristallisation dans l'éther, se présente en aiguilles qui fondent à 122°. Il est soluble dans l'éther, dans l'alcool, assez soluble dans l'eau.

Son analyse a fourni les nombres suivants :

Dosages de carbone et hydrogène. — Substance, 0,2367; CO^2, 0,4730; H^2O, 0,1210.

Dosage d'azote. — Substance, 0,2732; pression, 750^{mm}; température, 11°; volume, 22$^{cm^3}$.

Soit en centièmes :

	Trouvé.	Calculé pour $C^7H^9O^3Az$.
C................	54,49	54,19
H................	5,64	5,80
Az...............	9,28	9,03

résultats qui conduisent à la formule

$$\begin{array}{c} \qquad\qquad CH^2-COOH \\ \qquad\quad | \\ CH^3-C-C=C-CH^3 \\ \| \qquad\quad | \\ Az\text{———}O \end{array}$$

acide 3-5-diméthyl-1-2-oxazol-4-éthanoïque.

Sel de baryum.

L'acide diméthylisoxazoléthanoïque, dissous dans l'eau, est neutralisé par de l'eau de baryte. On fait passer un courant d'acide carbonique pour enlever l'excès de baryte, on filtre, on évapore à sec au bain-marie. Le produit obtenu est dissous dans l'alcool étendu bouillant et cristallise par refroidissement. On essore les cristaux obtenus ; ils fondent à 196°-198°. Ils sont très facilement solubles dans l'eau et dans l'alcool.

Dosage de baryum. — Substance, 0,4404; poids de SO^4Ba, 0,2128.

Soit en centièmes :

	Trouvé.	Calculé pour $(C^7H^8O^3Az)^2Ba + 2H^2O$.
Ba...............	28,41	28,48

Dosage de l'eau de cristallisation. — L'eau de cristallisation a été dosée en chauffant la substance pendant 4 heures à 140°-150° à l'étuve.

Substance, 2g,008; perte de poids, 0,1446.

Soit en centièmes :

	Trouvé.	Calculé pour $2H^2O$.
Eau de cristallisation.....	7,20	7,48

Sel de sodium.

Le sel de sodium a été obtenu en neutralisant l'acide en solution aqueuse par du carbonate de soude. On a soin d'opérer en laissant un excès d'acide qu'on enlève au moyen de l'éther, après avoir évaporé à sec. On redissout le sel dans l'alcool, d'où il cristallise en beaux cristaux très déliquescents à l'air. Le sel de sodium séché dans le vide fond à 275°-276° en se décomposant. Sa formule est représentée par $C^7H^8O^3AzNa$, ainsi que l'indique d'ailleurs le dosage du sodium.

Substance, 0,2892; SO^4Na^2, 0,1133.

Soit en centièmes :

	Trouvé.	Calculé pour $C^7H^8O^3AzNa$.
Na...............	12,69	12,99

Sel de potassium.

Le sel de potassium s'obtient, comme celui de sodium, en neutralisant l'acide par du carbonate de potasse. Dissous dans l'alcool absolu, il fournit de beaux cristaux incolores qui fondent à 66°-67°, très solubles dans l'eau et dans l'alcool, et renferment 1mol d'alcool de cristallisation.

Le dosage du potassium conduit à la formule

$$C^7H^8O^3AzK + C^2H^5OH.$$

Substance, 0,2569; SO^4K^2, 0,0947.
Soit en centièmes :

	Trouvé.	Calculé pour $C^7H^8O^3AzK + C^2H^5OH$.
K................	16,53	16,32

Sel de cuivre.

Le sel de cuivre s'obtient par double décomposition en traitant le sel de baryum ou le sel de potassium dissous dans l'eau par une solution d'acétate de cuivre. Il se produit immédiatement un abondant précipité vert, insoluble dans l'eau et dans l'alcool. On le lave à l'eau et on le sèche à l'étuve à 115°. Ce sel se décompose vers 250°.

Dosage du cuivre. — Substance, 0,2310; CuO, 0,0500.
Soit en centièmes :

	Trouvé.	Calculé pour $(C^7H^8AzO^3)^2Cu$.
Cu..............	17,25	16,98

Sel d'argent.

Le sel d'argent s'obtient de même par double décomposition au moyen d'un sel alcalin de l'acide oxazol et du nitrate d'argent. C'est un précipité blanc cristallin, insoluble dans l'eau et dans l'alcool. On le lave à l'eau distillée et on le sèche à l'étuve à 115°.

Il a pour formule $C^7H^8AzO^3Ag$, ainsi que le montre le dosage d'argent.

Dosage d'argent. — Substance, 0,2036; Ag, 0,0841.
Soit en centièmes :

	Trouvé.	Calculé pour $C^7H^8AzO^3Ag$.
Ag................	41,30	41,22

II. — Action du monochloracétate de méthyle sur l'acétylacétone sodée.

ββ-DIACÉTYLPROPIONATE DE MÉTHYLE.

La condensation de l'acétylacétone sodée avec le monochloracétate de méthyle se fait dans les mêmes conditions qu'avec l'éther éthylique. On traite 61g,5 d'acétylacétone sodée par 80g environ de monochloracétate de méthyle.

Le liquide obtenu après distillation de l'éther, en opérant comme plus haut, fournit à la distillation dans le vide une première portion passant de 30° à 115° sous 25mm, constituée par du monochloracétate de méthyle en excès accompagné d'un peu d'acétylacétone, et une deuxième portion bouillant entre 115° et 150° sous 25mm.

Cette fraction redistillée passe presque en totalité de 125° à 138° sous 21mm, le thermomètre se fixant particulièrement à 130°-132°. Ce produit analysé fournit les résultats suivants :

Substance, 0,1338; H^2O, 0,0844; CO^2, 0,2731.

Soit en centièmes :

	Trouvé.	Calculé pour $C^8H^{12}O^4$.
C.................	55,66	55,81
H.................	7,00	6,97

nombres qui correspondent au ββ-diacétylpropionate de méthyle

$$\begin{matrix} CH^3-CO \\ CH^3-CO \end{matrix}\Big\rangle CH-CH^2-COOCH^3.$$

C'est un liquide incolore, bouillant à 130°-132° sous 21mm, insoluble dans l'eau, soluble en toutes proportions dans l'alcool et dans l'éther.

Ce composé présente les mêmes propriétés que l'éther éthylique correspondant. Sa solution alcoolique, traitée par quelques gouttes de perchlorure de fer, donne la coloration rouge violet très intense des β-dicétones. Avec l'acétate de cuivre on obtient aussi un précipité gris abondant de dérivé cuivrique.

Le carbonate de soude le dissout très facilement.

La phénylhydrazine réagit sur le ββ-diacétylpropionate de méthyle comme dans le cas de l'éther éthylique.

PHÉNYLDIMÉTHYLPYRAZOLÉTHANOATE DE MÉTHYLE.

10g de diacétylpropionate de méthyle sont dissous dans de l'alcool méthylique et traités par une solution de 8g,7 de chlorhydrate de phénylhydrazine et 8g d'acétate de soude dans le moins d'eau possible. Après avoir chauffé 15 minutes au bain-marie, un liquide rougeâtre, très épais, se précipite, qui cristallise au bout de quelques jours. Après purification au moyen de cristallisations répétées dans l'alcool méthylique et dans l'éther, on obtient un produit incolore fondant à 65°, cristallisé en gros prismes insolubles dans l'eau, solubles dans l'alcool éthylique, l'alcool méthylique, l'éther.

Dosages de carbone et hydrogène. — Substance, 0,2371; CO^2, 0,6000; H^2O, 0,1501.

Dosage d'azote. — Substance, 0,3424; pression, 766mm,4; température, 15°; volume, 34cm³,2.

Soit en centièmes :

	Trouvé.	Calculé pour $C^{14}H^{16}Az^2O^2$.
C	69,01	68,85
H	7,03	6,56
Az	11,63	11,47

La formule de ce composé est, par conséquent, représentée par le schéma

$$\begin{array}{c} \qquad\qquad CH^2-COOCH^3 \\ \qquad\quad | \\ CH^3-C-C=C-CH^3. \\ \| \qquad\quad | \\ Az\text{———}Az-C^6H^5 \end{array}$$

ou phényl-1-diméthyl-3-5-pyrazoléthanoate de méthyle. Par saponification, ce composé fournit l'acide correspondant décrit plus haut et fondant à 140°-141°.

CHAPITRE II.

ACTION DE L'ÉTHER α-BROMOPROPIONIQUE SUR L'ACÉTYLACÉTONE SODÉE.

61^g,5 du dérivé sodé de l'acétylacétone, préparé comme je l'ai indiqué précédemment, ont été additionnés de 90^g d'α-bromopropionate d'éthyle. On a chauffé au bain d'huile dans un appareil à reflux à 120°-140°, pendant 10 heures environ, jusqu'à réaction neutre au tournesol. On a alors traité par l'eau distillée qui dissout le chlorure de sodium formé, et il se précipite une huile rougeâtre que l'on extrait au moyen de l'éther.

α-MÉTHYL-ββ-DIACÉTYLPROPIONATE D'ÉTHYLE.

Cette huile, après distillation de l'éther, fractionnée dans le vide, fournit une première portion, constituée par l'α-bromopropionate d'éthyle en excès, et ensuite un produit passant, à une seconde distillation à 149°-151° sous 33^{mm}, à peu près incolore.

L'analyse de ce composé a fourni les résultats suivants :

Substance, 0,1924 ; H^2O, 0,1409 ; CO^2, 0,4252.

Soit en centièmes :

	Trouvé.	Calculé pour $C^{10}H^{16}O^4$.
C	60,27	60,00
H	8,13	8,00

Le poids moléculaire a été déterminé par la méthode cryoscopique :

Benzène employé	48^g,25
Substance	1^g,5774
Substance pour 100^g de benzène	3^g,267
Point de congélation du benzène	5°,71
Point de congélation du benzène, plus la substance	4°,88
Abaissement du point de congélation	0°,83

Poids moléculaire : trouvé, 193; calculé pour $C^{10}H^{16}O^{4}$, 200.

L'analyse et le poids moléculaire correspondent donc au composé $C^{10}H^{16}O^{4}$, qui est l'α-méthyl-ββ-diacétylpropionate d'éthyle, formé d'après la même réaction que le ββ-diacétylpropionate d'éthyle

$$\begin{matrix} CH^3-CO \\ CH^3-CO \end{matrix}\Big\rangle CHNa + CH^3-CHBr-COOC^2H^5$$

$$= NaBr + \begin{matrix} CH^3-CO \\ CH^3-CO \end{matrix}\Big\rangle CH - \overset{\displaystyle CH^3}{\overset{|}{CH}} - COOC^2H^5.$$

C'est une huile presque incolore, bouillant à 128°-130° sous 10^{mm}, 149°-151° sous 33^{mm}. Sa densité a été déterminée à 15°; 20^{cm^3} contiennent $21^g,3384$ de liquide, soit

$$D_{15} = 1,067.$$

Il donne une coloration rouge foncé avec le perchlorure de fer, mais ne se dissout pas dans une solution concentrée de carbonate de soude et ne donne pas de précipité avec l'acétate de cuivre.

Dérivé cuivrique. — La solution alcoolique de cet éther ne précipitant pas par l'acétate de cuivre, on a d'abord essayé de faire le dérivé sodé au moyen de l'éthylate de sodium, en ayant soin de refroidir le mélange et de traiter ce composé très instable immédiatement par l'acétate de cuivre. On a obtenu, dans ces conditions, un précipité gris noirâtre, soluble dans le chloroforme, l'éther, l'alcool, mais qui se décompose peu à peu en prenant l'odeur de l'éther d'où l'on est parti.

Ce composé a fourni pour le dosage du cuivre les nombres suivants :

Substance, 0,7500; poids de CuO, 0,1263.

Soit en centièmes :

	Trouvé.	Calculé pour $(C^{10}H^{15}O^{4})^2Cu$.
Cu.................	13,43	13,66

ACTION DE L'ÉTHYLATE DE SODIUM ET DE L'IODURE DE MÉTHYLE. α-MÉTHYLLÉVULATE D'ÉTHYLE.

A 60g d'éther α-méthyl-ββ-diacétylpropionate d'éthyle on a ajouté 6g,9 de sodium dissous dans 150g d'alcool absolu, puis 55g d'iodure de méthyle. On a chauffé 1 heure environ au bain-marie avec réfrigérant à reflux. On a ensuite distillé l'alcool dans le vide au bain-marie, traité par l'eau, épuisé par l'éther. Le liquide obtenu après distillation de l'éther bout à 204°-206°, et l'iodure de méthyle est resté inaltéré. Soumis à l'analyse, il fournit les résultats suivants :

Substance, 0,1898; CO^2, 0,4201; H^2O, 0,1523.

Soit en centièmes :

	Trouvé.	Calculé pour $C^8H^{14}O^3$.
C	60,36	60,76
H	8,91	8,86

Le point d'ébullition de ce composé 204°-206° et sa teneur en carbone et hydrogène indiquée par l'analyse montrent bien qu'il n'est autre que l'*α-méthyllévulate d'éthyle.*

Les composés qui auraient pu se former dans cette réaction, le ββ-diacétyl-αβ-diméthylproprionate d'éthyle $C^{10}H^{16}O^4$ ou l'αβ-diméthyllévulate d'éthyle $C^9H^{16}O^3$, présentent, en effet, une teneur en carbone beaucoup plus forte. Pour le premier de ces composés, nous avons en effet :

	Pour 100.
C	61,68
H	8,38

et pour le second :

	Pour 100.
C	62,07
H	9,25

L'α-méthyllévulate d'éthyle est ainsi formé avec un rendement à peu près théorique aux dépens de l'α-méthyl-ββ-diacétylpropionate d'éthyle, par suite du départ d'un des groupements CH^3CO suivant l'équation :

$$(CH^3CO)^2 = CH - CH(CH^3) - COOC^2H^5 + C^2H^5ONa + H^2O$$

$$= CH^3 - COONa + CH^3 - CO - CH^2 - \underset{}{\overset{CH^3}{\overset{|}{C}H}} - COO^2H^5$$

$$+ C^2H^5OH.$$

L'acide acétique a d'ailleurs été caractérisé : après avoir évaporé à sec la solution aqueuse, le produit obtenu a été acidulé par l'HCl, épuisé au moyen de l'éther. L'évaporation de ce solvant laisse un liquide identifié facilement avec l'acide acétique par son odeur, son point d'ébullition et la formation d'éther acétique au moyen de l'alcool et de l'acide sulfurique.

ACTION DES ALCALIS. — ACIDE α-MÉTHYLLÉVULIQUE.

Sous l'influence des alcalis, en même temps que la fonction éther est saponifiée, l'α-méthyl-ββ-diacétylpropionate d'éthyle perd un groupement $CH^3 - CO$, comme nous l'avons vu précédemment pour l'éther ββ-diacétylpropionique, en donnant de l'*acide α-méthyllévulique*

$$CH^3 - CO - CH^2 - CH(CH^3) - CO OH.$$

20g d'éther ont été traités par 30g de lessive de soude à 36° B. La saponification a été conduite de la même façon que pour l'éther précédent. On a obtenu un liquide jaune, sirupeux, qui a été débarrassé de l'acide acétique par distillation et ensuite traité par une solution aqueuse de chlorhydrate de semi-carbazide et d'acétate de soude. Il s'est formé immédiatement un précipité cristallin qui a été redissous dans l'alcool absolu bouillant. Cette semi-carbazone fond à 191° avec décomposition comme celle qui a été obtenue par M. Béhal (¹) et montre ainsi l'identité de cet acide avec celui qui a été préparé par M. Bischoff (²) au moyen de l'éther β-méthylacétylsuccinique.

ACTION DE LA PHÉNYLHYDRAZINE.

15ᵍ d'éther α-méthyl-ββ-diacétylpropionate d'éthyle, ont été traités par 10ᵍ,8 de chlorhydrate de phénylhydrazine et 10ᵍ d'acétate de soude dissous dans le moins d'eau possible. Le mélange a été additionné de la quantité d'alcool nécessaire jusqu'à dissolution complète, et chauffé un quart d'heure au bain-marie.

J'espérais ainsi obtenir le pyrazol correspondant de formule

$$\begin{array}{ccccccc} & & & CH(CH^3)-COO\,C^2H^5 & & & \\ & & & | & & & \\ CH^3- & C & - & C & = & C & -CH^3 \\ & \| & & & & | & \\ & Az & — & — & — & Az & -C^6H^5 \end{array}$$

mais après refroidissement l'addition d'eau précipite une huile rouge qu'il a été impossible de purifier. Cette huile n'a pas cristallisé et se décompose à la distillation.

ACIDE 1-PHÉNYL-3-5-DIMÉTHYLPYRAZOL-4-MÉTHYLACÉTIQUE.

J'ai alors saponifié 15ᵍ de cette huile par la potasse alcoolique; après avoir chauffé 1 heure au bain-marie, distillé l'alcool, traité par l'eau et épuisé au moyen de l'éther, j'ai acidulé par l'acide acétique et de nouveau épuisé au moyen de l'éther. Au bout de quelques jours, le produit obtenu s'est solidifié. Il est très soluble dans l'alcool, surtout à l'ébullition, et assez soluble dans l'éther bouillant. Il est fortement imprégné d'une matière rougeâtre dont on ne peut le débarrasser qu'après plusieurs cristal-

---

(¹) Béhal, *Bull. Soc. chim.*, t. XXV, 1901, p. 245.

(²) Bischoff, *Ann. Lieb.*, t. CCVI, p. 319.

lisations. Je l'ai d'abord fait recristalliser dans l'alcool étendu, puis dans l'éther. Il fond alors à 129°-130°.

Dosages de carbone et hydrogène. — Substance, 0,1971; CO^2, 0,4995; H^2O, 0,1203.

Dosage d'azote. — Substance, 0,2306; volume d'Az, $22^{cm^3},6$; pression, $757^{mm},3$; température, 14°.

Soit en centièmes :

	Trouvé.	Calculé pour $C^{14}H^{16}Az^2O^2$.
C...............	69,11	68,85
H...............	6,78	6,59
Az..............	11,44	11,47

Ces nombres correspondent à la formule de l'acide 1-phényl-3-5-diméthylpyrazol-4-méthylacétique.

$$\begin{array}{l} \qquad\qquad\quad CH(CH^3)-CO\,OH \\ \qquad\qquad\quad\;\; | \\ CH^3-C-C=C-CH^3 \\ \qquad\;\; \| \qquad\;\; | \\ \qquad Az\text{———}Az-C^6H^5 \end{array}$$

qui résulte de la saponification de l'éther obtenu par l'action de 1^{mol} de phénylhydrazine sur le ββ-diacétyl-α-méthylpropionate d'éthyle avec élimination de 2^{mol} d'eau.

ACTION DE LA SEMI-CARBAZIDE.

2^{mol} de semi-carbazide se combinent à 1^{mol} d'éther α-méthyl-β-β-diacétylpropionate d'éthyle pour donner une disemi-carbazone.

4^g d'éther méthyldiacétylpropionique dissous dans l'alcool ont été additionnés d'une solution aqueuse de $4^g,5$ de chlorhydrate de semi-carbazide et 6^g d'acétate de soude. Au bout de 24 heures se dépose un précipité blanc cristallin qu'on essore à la trompe, qu'on lave à l'eau et à l'éther et qu'on sèche. Ce précipité fond à 203°-205° et donne à l'analyse des nombres qui correspondent au composé $C^{12}H^{22}O^4Az^6 + 0,5\,H^2O$.

I. Substance, 0,2154; CO^2, 0,3520; H^2O, 0,1451.
II. Substance, 0,1849; CO^2, 0,3044; H^2O, 0,1236.
Soit en centièmes :

	Trouvé.		Calculé pour
	I.	II.	$C^{12}H^{22}O^4Az^6 + 0,5H^2O$.
C.......	44,86	44,89	44,58
H.......	7,49	7,42	7,12

Dosage d'azote. — Substance, 0,1653; pression, 759mm; volume, 35cm³; température, 11°.

Soit en centièmes :

	Trouvé.	Calculé pour $C^{12}H^{22}O^4Az^6 + 0,5H^2O$.
Az.................	25,56	26,00

Ce composé est insoluble dans tous les solvants habituels, sauf dans l'acide acétique et l'éther acétique. Les résultats des analyses précédentes laissant un peu à désirer, j'ai fait une nouvelle cristallisation dans l'éther acétique bouillant. On obtient par refroidissement de petits cristaux incolores fondant à 207°-208° au bloc Maquenne.

Dosages de carbone et hydrogène. — Substance, 0,2207; CO^2, 0,3839; H^2O, 0,1500.

Dosage d'azote. — Substance, 0,2246; pression, 767mm,7; volume, 43cm³,5; température, 7°,5.

Soit en centièmes :

	Trouvé.	Calculé pour $C^{12}H^{22}O^4Az^6 + 0,5CH^3-COOC^2H^5$.
C...........	47,37	46,93
H...........	7,45	7,26
Az..........	23,57	23,46

La formule du composé obtenu avec la semi-carbazide est donc

```
                    CH(CH³)—COOC²H⁵
                    |
      CH³—C—CH—C—CH³                        +0,5CH³—COOC²H⁵;
          ||     ||
AzH²—CO—AzH—Az     Az—AzH—CO—AzH²
```

c'est la disemi-carbazone de l'éther α-méthyl-ββ-diacétyl-propionate d'éthyle.

Contrairement à ce que nous avons vu pour l'éther ββ-diacétylpropionique, ce composé est le seul qui se forme dans l'action de la semi-carbazide, même lorsqu'on opère avec un excès d'éther.

J'ai essayé en effet de préparer le 3-5-diméthylpyrazol-4-méthyléthanoate d'éthyle-1-carbonamide en traitant 1^mol d'éther par 1^mol de semi-carbazide, mais le produit obtenu fond à 203°-205° et correspond, par conséquent, encore à la disemi-carbazone décrite ci-dessus.

ACTION DE L'HYDROXYLAMINE.

L'hydroxylamine fournit à la fois l'oxazol et la dioxime.

20^g d'éther α-méthyl-ββ-diacétylpropionate d'éthyle sont dissous dans l'alcool. On ajoute 10^g (quantité théorique pour l'oxazol, 6^g,7) de chlorhydrate d'hydroxyl-amine dissous dans le moins d'eau possible, et peu à peu 9^g,8 de carbonate de K. On a chauffé 8 heures au bain-marie jusqu'à ce que le perchlorure de fer cesse de donner la coloration rouge des β-dicétones.

Après refroidissement, on a distillé l'alcool au bain-marie dans le vide, puis traité par l'eau, épuisé avec de l'éther. Par évaporation de ce dernier, on obtient un liquide rouge assez épais qui commence bientôt à cristalliser.

3-5-DIMÉTHYL-OXAZOL-4-MÉTHYLÉTHANOATE D'ÉTHYLE.

La partie cristallisée qui constitue la dioxime est séparée à la trompe et le liquide ainsi obtenu est distillé dans le vide. Il bout à 143°-145° sous 21^mm, est insoluble dans l'eau, soluble dans l'alcool et dans l'éther. L'analyse et le dosage d'azote assignent à ce corps la formule $C^{10}H^{15}AzO^{3}$

ou bien

$$\begin{array}{l} \qquad\qquad\;\; CH(CH^3)-COOC^2H^5 \\ \qquad\qquad\quad\;\, | \\ CH^3-C-C=C-CH^3 \\ \qquad\;\, \| \qquad\quad | \\ \qquad Az\text{———}O \end{array}$$

3-5-diméthyl-1-2-oxazol-4-méthyléthanoate d'éthyle.

Dosages de carbone et hydrogène. — Substance, 0,2335; CO^2, 0,5212; H^2O, 0,1674.

Dosage d'azote. — Substance, 0,5258; pression, 755^{mm},4; volume, 32$^{cm^3}$,8; température, 12°.

Soit en centièmes :

	Trouvé.	Calculé pour $C^{10}H^{15}O^3Az$.
C.................	60,87	60,91
H.................	7,96	7,61
Az................	7,32	7,10

ACIDE 3-5-DIMÉTHYL-1-2-OXAZOL-4-MÉTHYLÉTHANOÏQUE.

Cet oxazol est facilement saponifié par une lessive de soude, concentrée à froid. On laisse reposer pendant 48 heures, on épuise avec de l'éther pour enlever l'oxazol qui peut rester, puis on acidule par de l'HCl étendu et l'on épuise de nouveau la liqueur au moyen de l'éther. Ce dernier laisse par évaporation un corps cristallisé incolore fondant à 106°, ayant une réaction acide au tournesol, assez soluble dans l'eau à chaud, peu à froid, soluble dans l'alcool et dans l'éther.

Sa formule est

$$\begin{array}{l} \qquad\qquad\;\; CH(CH^3)-COOH \\ \qquad\qquad\quad\;\, | \\ CH^3-C-C=C-CH^3 \\ \qquad\;\, \| \qquad\quad | \\ \qquad Az\text{———}O. \end{array}$$

ainsi que le montrent les dosages de carbone, hydrogène et azote.

Dosages de carbone et hydrogène. — Substance, 0,2421; CO^2, 0,5062; H^2O, 0,1439;

Dosage d'azote. — Substance, 0,4448; pression, $764^{mm},4$; volume, $30^{cm^3},2$; température, 10°.

Soit en centièmes :

	Trouvé.	Calculé pour $C^8H^{11}O^3Az$.
C..................	57,02	56,80
H..................	6,60	6,50
Az..................	8,14	8,28

SEL DE CUIVRE.

L'acide est dissous dans l'eau tiède et neutralisé par du carbonate de soude. On a soin de laisser la liqueur faiblement acide. On ajoute de l'acétate de cuivre; il se forme aussitôt un précipité vert clair très abondant qu'on lave à l'eau et à l'éther. Ce précipité fond à 154°-155° au bloc Maquenne. Il est insoluble dans l'eau, même à chaud, insoluble dans l'alcool et a pour composition $(C^8H^{10}AzO^3)^2Cu$.

Le dosage du cuivre donne les résultats suivants : Substance, 0,4840; CuO, 0,0964.

Soit en centièmes :

	Trouvé.	Calculé pour $(C^8H^{10}AzO^3)^2Cu$.
Cu..................	15,85	15,79

DIOXIME.

Le produit cristallisé obtenu dans l'action de l'hydroxylamine sur l'α-méthyl-ββ-diacétylpropionate d'éthyle et séparé de l'oxazol par essorage à la trompe est soluble dans l'alcool bouillant, d'où il cristallise en fines aiguilles fondant à 133°.

Dosages de carbone et hydrogène. — Substance, 0,3316; CO^2, 0,6370; H^2O, 0,2389.

Dosage d'azote. — Substance, 0,3372; pression, $768^{mm},8$; volume, $35^{cm^3},2$; température, 11°.

Soit en centièmes :

	Trouvé.	Calculé pour $C^{10}H^{18}O^{4}Az^{2}$.
C..................	52,39	52,17
H..................	8,00	7,83
Az.................	12,53	12,17

L'analyse et le dosage d'azote montrent qu'il est constitué par la dioxime de l'éther-α-méthyl-ββ-diacétylpropionique de formule

$$\begin{array}{c} \qquad\quad CH(CH^3)-COOC^2H^5 \\ \qquad | \\ CH^3-\underset{\underset{AzOH}{\|}}{C}-CH-\underset{\underset{AzOH.}{\|}}{C}-CH^3 \end{array}$$

Elle est soluble dans l'éther, l'alcool, surtout à l'ébullition, le benzène, l'acétone, insoluble dans l'eau froide, un peu soluble dans l'eau bouillante, soluble dans l'acide acétique, insoluble dans l'éther de pétrole. Elle ne colore pas en solution alcoolique le perchlorure de fer.

DÉRIVÉ......

$$\begin{array}{c} \qquad CH(CH^3)-CO\diagdown \\ | \qquad\qquad \\ CH^3-\underset{\underset{AzOH}{\|}}{C}-CH-\underset{\underset{Az}{\|}}{C}-CH^3 \quad \rangle O. \\ \qquad\qquad Az\text{———}\diagup \end{array}$$

Dans la préparation de la dioxime $C^{10}H^{18}O^{4}Az^{2}$ ci-dessus, que l'on peut obtenir directement en traitant l'éther α-méthyl-ββ-diacétylpropionate d'éthyle (15^g) dissous dans l'alcool par un grand excès (15^g) de chlorhydrate d'hydroxylamine et 14^g,8 de CO^3K^2, si l'on chauffe longtemps à l'ébullition (24 heures environ), après distillation de l'alcool sous pression réduite il se forme encore deux couches, l'une huileuse qui surnage, et l'autre aqueuse. Si l'on veut épuiser avec de l'éther, l'éther dissout la partie supérieure, mais immédiatement se forme un précipité cristallisé en aiguilles, très peu soluble dans l'éther et insoluble dans l'eau. Ces aiguilles fondent à 202°-204°.

Après cristallisation dans l'alcool bouillant, elles fournissent à l'analyse des nombres qui correspondent au dérivé $C^8H^{12}O^3Az^2$ formé par départ de 1^{mol} d'alcool dans la dioxime ci-dessus, suivant l'équation

$$C^{10}H^{18}Az^2O^4 = C^8H^{12}Az^2O^3 + C^2H^5OH.$$

Dosages de carbone et hydrogène. — Substance, 0,3462; CO^2, 0,6667; H^2O, 0,2052.

Dosage d'azote. — Substance, 0,2283; pression, 773^{mm},5; volume, 27^{cm^3},5; température, 12°.

Soit en centièmes :

	Trouvé.	Calculé pour $C^8H^{12}Az^2O^3$.
C	52,52	52,17
H	6,60	6,52
Az	15,04	15,21

CHAPITRE III.

ACTION DES ÉTHERS β-CHLOROPROPIONIQUES SUR L'ACÉTYLACÉTONE SODÉE.

Les éthers β-chloropropioniques réagissent sur l'acétylacétone sodée dans les mêmes conditions que les éthers précédents. J'étudierai d'abord l'action du β-chloropropionate de méthyle, puis celle de l'éther éthylique, en développant particulièrement les propriétés du composé obtenu avec ce dernier éther.

I. — Action du β-chloropropionate de méthyle.

25^g d'acétylacétonate de sodium sont additionnés de 25^g de β-chloropropionate de méthyle et mélangés intimement dans un ballon muni d'un réfrigérant à reflux. On chauffe au bain d'huile à 110°-120°. Le mélange, d'abord consistant, devient de plus en plus liquide. Au bout de 5 heures, la réaction est terminée. Il convient de ne pas chauffer trop fortement, l'éther β-chloropropionique se décomposant partiellement sous l'action de la chaleur en donnant de l'éther acrylique.

γγ-DIACÉTYLBUTYRATE DE MÉTHYLE.

Le contenu du ballon est versé dans de l'eau. Il se précipite une huile rougeâtre qu'on extrait au moyen de l'éther. On sèche sur le sulfate de soude anhydre, on distille l'éther et le résidu obtenu est fractionné sous pression réduite. Avant 100°, sous 14^{mm}, passe une première portion formée d'acétylacétone, d'éther β-chloropropionique et d'éther acrylique. Cette portion est d'ailleurs relativement faible. Le thermomètre monte rapidement à 145°, et de 145° à 155°, sous 14^{mm}, passe une huile jaune clair qui, soumise à une nouvelle rectification, bout à 160°-161° sous 24^{mm} et 153°-155° sous 19^{mm}. La quantité d'éther obtenue est égale à celle de l'acétylacétone employée.

Soumise à l'analyse, cette huile fournit les nombres suivants :

Substance, 0,3530 ; CO^2, 0,7533 ; H^2O, 0,2467.

Soit en centièmes :

	Trouvé.	Calculé pour $C^9H^{14}O^4$.
C	58,19	58,06
H..................	7,76	7,53

La détermination du poids moléculaire a été effectuée par la méthode cryoscopique :

Poids de substance	1^g,4930
Poids de benzène..................	50^g,27
Point de congélation du benzène...	5°,73
Point de congélation du mélange...	4°,93
Abaissement du point de congélation.	0°,80

Poids moléculaire. — Trouvé, 182 ; calculé pour $C^9H^{14}O^4$, 186.

Ce composé $C^9H^{14}O^4$ constitue le *γγ-diacétylbutyrate de méthyle* formé d'après l'équation

$$\begin{matrix}CH^3-CO \\ CH^3-CO\end{matrix}\!\!>\!CHNa + CH^2Cl - CH^2 - COOCH^3$$

$$= NaCl + \begin{matrix}CH^3-CO \\ CH^3-CO\end{matrix}\!\!>\!CH - CH^2 - CH^2 - COOCH^3.$$

C'est un liquide légèrement coloré en jaune, insoluble dans l'eau, soluble dans l'alcool et dans l'éther en toutes proportions. Il bout à 160°-161° sous 24^{mm}. Sa solution alcoolique colore en rouge intense le perchlorure de fer. Le carbonate de soude en solution même étendue le dissout facilement.

Densité. — Poids de substance à 0°, $2^g,1177$; poids du même volume d'eau à 0°, $1^g,8967$; trouvé $D_0^0 = 1,116$.

DÉRIVÉ CUIVRIQUE.

Le γγ-diacétylbutyrate de méthyle est dissous dans l'alcool et traité par une solution aqueuse concentrée d'acétate de cuivre. On obtient ainsi un précipité verdâtre qui est lavé à l'éther à plusieurs reprises et dissous dans le chloroforme qu'il colore en vert foncé. Il se dépose un produit soyeux verdâtre qui est lavé de nouveau à l'éther et devient alors gris clair. Il fond à 220° au bloc Maquenne. Il est insoluble dans l'eau, l'alcool, l'éther, très soluble dans le chloroforme.

Dosage du cuivre. — Substance, $1^g,0691$; CuO, $0^g,1920$.

Soit en centièmes :

	Trouvé.	Calculé pour $(C^9H^{13}O^4)^2Cu$.
Cu................	14,32	14,54

II. — **Action du β-chloropropionate d'éthyle.**

γγ-DIACÉTYLBUTYRATE D'ÉTHYLE.

Le β-chloropropionate d'éthyle réagit, comme l'éther méthylique, sur l'acétylacétone sodée. En opérant comme avec ce dernier éther, on obtient finalement un liquide passant à 130°-170° sous 30mm. Un nouveau fractionnement dans le vide fournit un produit passant à 154°-155° sous 15mm. Le rendement est aussi satisfaisant que dans les cas étudiés précédemment.

La portion 154°-155°, sous 15mm, soumise à l'analyse, conduit aux résultats suivants :

Substance, 0,2066; CO^2, 0,4542; H^2O, 0,1550.

Soit en centièmes :

	Trouvé.	Calculé pour $C^{10}H^{16}O^4$.
C.................	59,95	60,00
H.................	8,38	8,00

Ces nombres correspondent bien à l'éther éthylique de l'acide γγ-diacétylbutyrique de formule

$$\begin{matrix} CH^3-CO \\ CH^3-CO \end{matrix} \Big\rangle CH-CH^2-CH^2-COOC^2H^5.$$

La constitution β-dicétonique de cet éther se trouve établie par l'étude, que nous allons poursuivre, des différents composés qu'il est susceptible de fournir.

C'est un liquide presque incolore, insoluble dans l'eau, soluble dans les principaux solvants organiques. Il bout à 154°-155° sous 15mm. Sa solution alcoolique colore le perchlorure de fer et donne un dérivé cuivrique avec l'acétate de cuivre.

Densité. — Poids de substance à 0°, 2g,0593; poids du même volume d'eau à 0°, 1g,8967; trouvé $D_0^0 = 1,086$.

DÉRIVÉ CUIVRIQUE.

Le dérivé cuivrique se dépose au bout de quelques heures sous forme d'un abondant précipité gris qu'on essore, qu'on purifie par des lavages à l'éther et qu'on sèche à 100°.

Le dosage du cuivre a fourni des nombres qui concordent avec la formule $(C^{10}H^{13}O^{3})^{2}Cu$.

Substance, 0,2753; CuO, 0,0469.

Soit en centièmes :

	Trouvé.	Calculé pour $(C^{10}H^{13}O^{3})^{2}Cu$.
Cu................	13,58	13,66

Ce dérivé, très soyeux et excessivement léger, est insoluble dans l'eau, très soluble dans le chloroforme, et fond à 209° en 1 seconde au bloc Maquenne en se décomposant.

SAPONIFICATION DE L'ÉTHER γγ-DIACÉTYLBUTYRIQUE.

Le γγ-diacétylbutyrate d'éthyle se décompose sous l'influence des alcalis, dans les mêmes conditions que le ββ-diacétylpropionate, en fournissant de l'acide acétique et de l'acide γ-acétylbutyrique.

ACIDE γ-ACÉTYLBUTYRIQUE.

20g d'éther diacétylbutyrique ont été traités par 15g de potasse en solution alcoolique. Le mélange s'échauffe fortement. On achève la saponification en chauffant 1 heure environ au bain-marie. On distille l'alcool, on traite par l'eau, puis par l'éther. On acidule par l'acide chlorhydrique et l'on extrait avec de l'éther le produit qui est mis en liberté. L'éther abandonne un liquide qui, soumis à la distillation dans le vide, fournit d'abord de l'*acide acétique*. Le thermomètre monte ensuite très rapidement jusqu'à 170° sous 60mm et l'on recueille une fraction 175°-190°. Une nouvelle distillation fixe le point d'ébullition à 187° sous 60mm.

Par analogie avec ce qui se passe dans le cas des éthers précédemment étudiés, l'éther γγ-diacétylbutyrique doit se décomposer en acide acétique et acide γ-acétylbutyrique.

L'acide acétique a en effet été caractérisé par son point d'ébullition et la formation d'éther acétique.

Quant au liquide bouillant à 187° sous 60^{mm}, il se solidifie quand on le refroidit au moyen de chlorure de méthyle, et fond alors à 13°. Il absorbe l'humidité de l'air et fournit des cristaux fusibles à 36°.

Semi-carbazone.

3^g de ce composé dissous dans l'eau ont été traités par une solution de 2^g,6 de chlorhydrate de semi-carbazide et 4^g d'acétate de soude. On obtient immédiatement un abondant précipité qui, après une cristallisation dans l'alcool bouillant, fond à 180° et fournit à l'analyse les résultats suivants :

Dosage d'azote. — Substance, 0,2068; volume d'Az, 36$^{cm^3}$,5; température, 14°; pression, 755^{mm},9.

Soit en centièmes :

	Trouvé.	Calculé pour ($C^7H^{13}O^3Az^3+H^2O$).
Az..............	20,56	20,48 pour 100

Cette semi-carbazone $C^7H^{13}O^3Az^3$ est identique à celle qui a été obtenue par Vorlaender (1) avec l'acide γ-acétylbutyrique, qui fond vers 180° avec H^2O et à 165° quand elle a été chauffée lentement.

Le composé, par conséquent, qui prend naissance par l'action des alcalis sur le γγ-diacétylbutyrate d'éthyle, se trouve donc identifié par ses constantes physiques et sa semi-carbazone avec l'acide γ-acétylbutyrique préparé par Fittig et Wolf (2) au moyen de l'éther acétylglutarique.

Avec 20^g d'éther, j'ai obtenu 15^g d'acide acétylbutyrique, ce qui indique que le rendement est presque théorique.

---

(1) VORLAENDER, *Lieb. Ann.*, t. CCXCIV, p. 269.
(2) FITTIG et WOLF, *Lieb. Ann.*, t. CCXVI, p. 127.

ACTION DE L'IODURE DE MÉTHYLE EN PRÉSENCE D'ÉTHYLATE DE SODIUM.

L'iodure de méthyle réagit sur le $\gamma\gamma$-diacétylbutyrate d'éthyle, mais, au lieu de fournir le composé $\gamma\gamma$-diacétyl-γ-méthylbutyrate d'éthyle, on obtient, par analogie avec ce qui se passe avec le $\beta\beta$-diacétylpropionate, le γ-acétyl-γ-méthylbutyrate d'éthyle, par suite du départ d'un des groupements $CH^3 - CO$.

ÉTHER γ-ACÉTYL-γ-MÉTHYLBUTYRIQUE.

20^g d'éther $\gamma\gamma$-diacétylbutyrique ont été traités par 2^g,3 de sodium dissous dans un excès d'alcool absolu. On a ajouté immédiatement 25^g d'iodure de méthyle. Le mélange s'échauffe assez fortement. On l'a fait bouillir pendant 4 heures au bain-marie dans un appareil à reflux. Après distillation de l'alcool, on a traité par l'eau, épuisé au moyen de l'éther. Ce dernier abandonne un liquide qui passe en majeure partie à 110°-120° sous 20^{mm}. Le point d'ébullition obtenu après une seconde rectification est de 117°-118° sous 23^{mm}.

L'analyse de ce composé a fourni les nombres suivants :

Substance, 0,2012 ; CO^2, 0,4604 ; H^2O, 0,1687.

Soit en centièmes :

	Trouvé.	Calculé pour $C^9H^{16}O^3$.
C	62,41	62,79
H	9,32	9,30

Ce composé n'est autre que l'éther γ-acétyl-γ-méthylbutyrate d'éthyle obtenu d'après l'équation :

$$\begin{matrix} CH^3-CO \\ CH^3-CO \end{matrix}\!\!>CH-CH^2-CH^2-COOC^2H^5+CH^3I+C^2H^5ONa$$

$$=NaI+CH^3-COOC^2H^5+CH^3-CO-\underset{}{\overset{CH^3}{\overset{|}{C}H}}-CH^2-CH^2-COOC^2H^5.$$

Sa densité a été déterminée à 0°.

Poids de substance à 0°, 1g,9035; poids du même volume d'eau à 0°, 1g,8967.

Trouvé $D_0^0 = 1,004$.

Cet éther est une huile faiblement colorée en jaune. Il fournit par saponification l'acide correspondant

$$CH^3-CO-CH(CH^3)-CH^2-CH^2-COOH.$$

ACIDE γ-ACÉTYL-γ-MÉTHYLBUTYRIQUE.

10g d'éther ont été saponifiés par 4g de KOH dissous dans l'alcool; on a chauffé le mélange 2 heures au bain-marie. On obtient finalement un liquide qui bout à 168°-169° sous 22mm et fournit à l'analyse les nombres suivants :

Substance, 0,3370; CO^2, 0,7151; H^2O, 0,2442.

Soit en centièmes :

	Trouvé.	Calculé pour $C^7H^{12}O^3$.
C..................	57,87	58,33
H..................	8,05	8,33

Les nombres ainsi obtenus pour la teneur en carbone et hydrogène sont un peu faibles, résultat qui provient de l'impossibilité d'éliminer par distillation fractionnée les traces d'acide γ-acétylbutyrique qui se produisent inévitablement dans cette réaction.

La densité a été déterminée à 0°.

Poids de substance à 0°, 0g,4496; poids du même volume d'eau à 0°, 0g,4034.

Trouvé $D_0^0 = 1,114$.

Semi-carbazone.

La semi-carbazone de cet acide se produit aussi facilement que celle de l'acide γ-acétylbutyrique; mais, comme l'acide qui lui donne naissance, il m'a été impossible de l'obtenir absolument pure; aussi la teneur en carbone de ce composé est-elle encore un peu faible.

Analyse. — Substance, 0,1135; CO^2, 0,1950; H^2O, 0,0765.

Soit en centièmes :

	Trouvé.	Calculé pour $C^8H^{15}Az^3O^3$.
C..................	46,85	47,76
H..................	7,49	7,46

Cette semi-carbazone est soluble dans l'alcool bouillant, dans l'éther acétique, à chaud surtout ; elle devient pâteuse vers 152° et n'est complètement fondue qu'à 158°.

ACTION DE LA PHÉNYLHYDRAZINE SUR LE γγ-DIACÉTYLBUTYRATE D'ÉTHYLE.

10^g d'éther diacétylbutyrique dissous dans l'alcool ont été traités par 7^g,2 de chlorhydrate de phénylhydrazine et 10^g d'acétate de soude dissous dans le moins d'eau possible. On ajoute de l'alcool jusqu'à complète dissolution et l'on chauffe au bain-marie 30 minutes environ. On précipite par l'eau et l'on obtient une huile rouge sirupeuse qu'on lave à l'eau et qu'on dissout dans l'éther. Cette huile ne cristallisant pas au bout de plusieurs jours, je l'ai saponifiée.

ACIDE 1-PHÉNYL-3-5-DIMÉTHYLPYRAZOL-4-PROPIONIQUE.

10^g de ce produit ont été additionnés de 3^g de KOH dissous dans l'alcool. Après avoir chauffé 2 heures au bain-marie, on a distillé l'alcool sous pression réduite, traité par l'eau, épuisé avec de l'éther, acidulé par l'acide acétique, épuisé de nouveau à l'éther, qui abandonne par évaporation des cristaux fortement colorés en rouge. On les purifie en les faisant cristalliser une seconde fois dans l'alcool étendu bouillant. Ils se présentent en fines aiguilles incolores fondant à 134°-135°.

Ils sont insolubles dans l'eau, dans l'éther de pétrole,

solubles dans l'alcool et dans l'éther, surtout à l'ébullition. Soumis à l'analyse, ils fournissent des résultats qui concordent avec la formule de l'acide 1-phényl-3-5-diméthylpyrazol-4-propionique :

$$\begin{array}{ccccccc} & & CH^2 - CH^2 - CO\,OH & & \\ & & | & & \\ CH^3 - C & - & C = C - CH^3. & & \\ \| & & | & & \\ Az & \text{———} & Az - C^6H^5 & & \end{array}$$

Dosages du carbone et de l'hydrogène. — Substance, 0,1887; CO^2, 0,4772; H^2O, 0,1072.

Dosage de l'azote. — Substance, 0,2644; volume d'Az, 25$^{cm^3}$,8; température, 13°; pression, 760^{mm},4.

Soit en centièmes :

	Trouvé.	Calculé pour $C^{14}H^{16}Az^2O^2$.
C	69,01	68,85
H	6,31	6,59
Az	11,48	11,41

ACTION DE L'HYDROXYLAMINE.

Suivant les proportions d'hydroxylamine employées, nous obtenons dans le cas de l'éther γγ-diacétylbutyrique, comme pour les éthers précédents, soit l'oxazol, soit la dioxime correspondants.

3-5-DIMÉTHYLOXAZOL-4-PROPIONATE D'ÉTHYLE.

15^g d'éther diacétylbutyrique ont été dissous dans l'alcool et additionnés d'une solution aqueuse concentrée de 5^g,5 de chlorhydrate d'hydroxylamine, puis de 5^g,5 de carbonate de potasse. Après avoir chauffé 12 heures au bain-marie, puis distillé l'alcool, on obtient une huile qui surnage la partie aqueuse et qui, extraite au moyen de l'éther, bout à 157°-158° sous 23^{mm}. La portion qui reste dans le ballon cristallise; elle n'est autre que la dioxime.

L'analyse de ce composé montre bien qu'il correspond

au 3-5 diméthyloxazol-4-propionate d'éthyle

$$
\begin{array}{c}
\qquad\qquad\qquad CH^2-CH^2-COOC^2H^5 \\
\qquad | \\
CH^3-C-C=C-CH^3. \\
\| \qquad\quad | \\
Az \text{———} O
\end{array}
$$

Dosages de carbone et hydrogène. — Substance, 0,2713; CO^2, 0,6030; H^2O, 0,1882.

Dosage d'azote. — Substance, 0,3424; volume d'Az, 22^{cm^3}; température, 14°; pression, 750^{mm},5.

Soit en centièmes :

	Trouvé.	Calculé pour $C^{10}H^{15}O^3Az$.
C....................	60,62	60,91
H....................	7,70	7,61
Az....................	7,46	7,10

ACIDE 3-5-DIMÉTHYLOXAZOL-4-PROPIONIQUE.

10g de l'oxazol précédent ont été saponifiés par 10g de lessive de soude. Après avoir chauffé 4 heures au bain-marie, puis traité par l'eau et épuisé avec de l'éther, on acidule par l'HCl. Il se produit un précipité cristallin qui, après dissolution dans l'éther bouillant, fournit des cristaux fondant à 109°-110°. Ces cristaux constituent l'acide 3-5-diméthyloxazol-4-propionique $C^8H^{11}O^3Az$. Cet acide est presque insoluble dans l'eau, très soluble dans l'alcool bouillant, assez soluble dans l'éther, insoluble dans l'éther de pétrole.

Dosages de carbone et hydrogène. — Substance, 0,1877; CO^2, 0,3920; H^2O, 0,1182.

Dosage d'azote. — Substance, 0,2363; volume d'Az, 17^{cm^3},4; température, 12°; pression, 758^{mm},8.

Soit en centièmes :

	Trouvé.	Calculé pour $C^8H^{11}AzO^3$.
C....................	56,98	56,80
H....................	6,99	6,50
Az....................	8,66	8,28

DIOXIME.

10^g d'éther γγ-diacétylbutyrique ont été traités en solution alcoolique par un excès (10^g) de chlorhydrate d'hydroxylamine et $9^g,9$ de CO^3K^2. On a chauffé 3 heures au bain-marie.

Le produit obtenu après distillation de l'alcool, traitement par l'eau, extraction par l'éther, cristallise en petits prismes incolores fondant à 108°-110°, solubles dans l'éther et l'alcool, insolubles dans l'eau et l'éther de pétrole.

Dosages de carbone et hydrogène. — Substance, 0,1936; CO^2, 0,3728; H^2O, 0,1362.

Dosage d'azote. — Substance, 0,2587; volume d'Az, $26^{cm^3},3$; température, 13°; pression, $761^{mm},5$.

Soit en centièmes :

	Trouvé.	Calculé pour $C^{10}H^{18}Az^2O^4$.
C	52,51	52,17
H	7,81	7,83
Az	12,04	12,17

La formule de ce composé est donc celle de la dioxime de l'éther γγ-diacétylbutyrate d'éthyle :

$$\begin{array}{c} CH^2-CH^2-COO\,C^2H^5 \\ | \\ CH^3-C(AzOH)-CH-C(AzOH)-CH^3 \end{array}$$

ACTION DE LA SEMI-CARBAZIDE.

Le γγ-diacétylbutyrate d'éthyle réagit avec la semicarbazide, mais il ne fournit qu'un dérivé, le pyrazolcarbonamide correspondant, malgré un grand excès de semicarbazide.

2^g d'éther ont été dissous dans l'alcool et additionnés de $2^g,25$ de chlorhydrate de semi-carbazide et 4^g d'acétate de soude dissous dans le moins d'eau possible. Le mélange se trouble peu à peu.

La précipitation est complète au bout de 24 heures. On essore le précipité cristallin formé, on le lave à l'eau, on le sèche, puis on le fait cristalliser dans l'éther acétique. Il est insoluble dans l'éther et l'alcool. Il fond à 114°-115°.

L'analyse de ce composé a fourni les résultats suivants :

Dosages de carbone et hydrogène. — Substance, 0,1843 ; CO^2, 0,3749 ; H^2O, 0,1206.

Dosage d'azote. — Substance, 0,1786 ; volume d'Az, 27^{cm^3} ; température, 14° ; pression, 752^{mm}.

Soit en centièmes :

	Trouvé.	Calculé pour $C^{11}H^{17}Az^3O^3$.
C	55,47	55,23
H	7,27	7,11
Az	17,79	17,57

Ces nombres correspondent à la formule du 3-5-diméthylpyrazol-4-propionate d'éthyle-1-carbonamide

```
              CH² — CH² — COO C² H⁵
               |
CH³ — C ——— C = C — CH³
      ||           |
      Az ———————— Az — CO Az H²
```

formé par la condensation d'une seule molécule de semicarbazide avec 1^{mol} d'éther et élimination de 2^{mol} d'eau. C'est le seul composé qui se produise dans cette réaction.

CHAPITRE IV.

ACTION DE L'ÉTHER BROMOISOBUTYRIQUE SUR L'ACÉTYLACÉTONE SODÉE.

M. Barthe (¹) et MM. Bischoff et de Kuhlberg (²) ont montré que l'éther bromoisobutyrique réagit facilement sur l'éther cyanacétique d'une part, et sur l'éther malonique sodé d'autre part. Il n'en est plus de même avec

---

(¹) BARTHE, *Comptes rendus*, t. CXVIII, p. 1268.

(²) BISCHOFF et KUHLBERG, *Ber. d. D. Ges.*, 1ʳᵉ série, t. XXIII, 1890, p. 634.

l'éther acétylacétique sodé, et M. Tate ([1]), qui a tenté cette condensation, n'a obtenu aucun résultat.

J'ai essayé de faire agir cet éther bromoisobutyrique sur l'acétylacétone sodée, et j'ai constaté que cette dernière se comporte comme l'éther acétylacétique.

Si l'on chauffe, en effet, au bain d'huile, comme pour les éthers étudiés précédemment, 25^g d'acétylacétonate de Na et 50^g (un excès) d'éther bromoisobutyrique, à 120°-130°, la réaction reste toujours alcaline au tournesol, même après avoir chauffé pendant 24 heures. On retrouve l'acétylacétone et l'éther bromoisobutyrique employés.

J'ai alors opéré en tubes scellés que j'ai chauffés à 160°-170° pendant 6 heures. Le produit obtenu a été extrait avec de l'éther et fournit, après distillation dans le vide, une petite quantité d'huile jaunâtre passant de 110° à 150° sous 25^{mm}. Cette huile, fractionnée dans le vide, permet de séparer une fraction passant à 156°-158° sous 50^{mm}. Soumise à l'analyse, elle fournit les résultats suivants :

I. Substance, 0,1969; CO^2, 0,4735; H^2O, 0,1494.

II. Substance, 0,1567; CO^2, 0,3734; H^2O, 0,1193.

Soit en centièmes :

	I.	II.
C..................	65,58	64,98
H..................	8,43	8,45

Ces nombres diffèrent beaucoup de ceux qui correspondent au produit cherché

$$(CH^3-CO)^2-CH-C(CH^3)^2-COOC^2H^5$$

qui aurait la teneur suivante en carbone et hydrogène :

Carbone, 61,68; hydrogène, 8,41 pour 100.

La petite quantité de produit formé dans cette réaction ne m'a pas permis d'en poursuivre l'étude.

([1]) TATE, *Inaugural Dissertation*, Würzbourg, 1880.

SECONDE PARTIE.

ACTION DE CÉTONES MONOHALOGÉNÉES SUR L'ACÉTYLACÉTONE SODÉE.

CHAPITRE I.

Action de la monochloracétone sur l'acétylacétone sodée.

M. Magnanini (¹) a montré que la bromacétone peut réagir sur le dérivé sodé de l'acétylacétone en solution alcoolique; mais le produit qu'il a obtenu n'a pu être ni purifié ni analysé; c'est « une huile colorée en rouge, très dense, qui ne se solidifie pas et ne se distille pas sans décomposition. La distillation s'accomplit avec élimination d'eau et une profonde décomposition; le liquide huileux passe dans un intervalle de 150° à 250°, et il reste dans le ballon une grande quantité de substance carbonisée ». Cet auteur s'est borné à faire réagir l'ammoniaque concentrée sur l'huile obtenue ou le produit de distillation de cette huile en tubes scellés à 180° pendant 2 à 3 heures et a obtenu ainsi le composé $C^8H^{11}AzO$, auquel il donne la formule d'un dérivé pyrrolique

```
CH³—CO — C —— C — H
          ‖      ‖
    CH³ — C      C — CH³
           \    /
            AzH
```

mais avec un rendement très faible et production abondante de résines.

J'ai pensé que les mauvais résultats obtenus dans cette réaction devaient probablement être causés par l'emploi de la bromacétone, qui ne distille pas sans décomposition, même dans le vide, et ne peut d'ailleurs être obtenue à l'état pur.

(¹) MAGNANINI, *Gaz. chim. Ital.*, 23e série, t. I, p. 464.

C'est pour cela que je me suis adressé à la monochloracétone dont la préparation par le procédé de Fritzch (1) est beaucoup plus commode. De plus, en opérant en présence d'alcool, j'ai constaté la formation d'éther acétique, due très probablement à une décomposition du produit obtenu, analogue à celle qui a été indiquée par MM. Barbier et Leser au sujet de l'action de l'éther monochloracétique sur la méthylhepténone sodée (2). J'ai alors suivi le mode opératoire que j'ai indiqué au sujet des éthers diacétylpropioniques et butyriques ci-dessus.

62g d'acétylacétonate de sodium ont été additionnés de 100g de monochloracétone. Le mélange s'échauffe peu à peu, suffisamment pour porter la monochloracétone à l'ébullition. On achève la réaction en chauffant quelques minutes au bain-marie. La liqueur est alors neutre au tournesol. Le tout a été versé dans de l'eau, puis épuisé au moyen de l'éther. Après distillation de l'éther, le résidu a été fractionné dans le vide. On a obtenu trois portions : *a*) de 60° à 100°, sous 45mm, passe un mélange d'acétylacétone et de monachloracétone; *b*) de 100° à 120°, sous 45mm, et *c*) de 120° à 160°, sous 45mm.

DÉRIVÉ CUIVRIQUE.

La portion 100° à 120°, sous 45mm, traitée par l'acétate de cuivre, fournit à peine quelques cristaux de dérivé cuivrique.

La portion 120°-160°, sous 45mm, fournit, avec l'acétate de cuivre, un précipité beaucoup plus abondant qui a été lavé à l'eau, puis à l'éther jusqu'à ce que ce dernier passe incolore.

Dissous dans le chloroforme, il cristallise en aiguilles gris fer fondant à 267°-268°. Au-dessus de cette tempéra-

(1) FRITZCH, *Lieb. Ann.*, t. CCLXXIX, p. 313.
(2) BARBIER et LESER, *Bull. Soc. Chim.*, t. XVII, p. 748.

ture, elles se décomposent avant de fondre et se volatilisent en partie.

Soumis à l'analyse, ce composé a fourni les résultats suivants :

Dosages de carbone et hydrogène. — Substance, 0,3226; CO^2, 0,5048; H^2O, 0,1735.

Dosage du cuivre. — Substance, 0,4478; CuO, 0,0954.

Soit en centièmes :

	Trouvé.	Calculé pour $(C^8H^{11}O^3)^2Cu$.
C	51,13	51,47
H	6,97	6,90
Cu	16,73	16,88

Le composé étant volatil, le dosage du cuivre a été conduit d'après le mode opératoire employé par M. Bongert ([1]). Le dérivé cuivrique a été additionné goutte à goutte d'acide nitrique étendu de dix fois son poids d'eau et chauffé au bain-marie pendant 2 heures. La solution, d'abord bleue, puis verte, brunit, s'épaissit et devient bientôt incandescente, mais il n'y a pas de projection. On a calciné alors comme d'habitude.

Les dosages du carbone, de l'hydrogène et du cuivre montrent bien que ce composé n'est autre que le dérivé cuivrique de l'acétonylacétylacétone cherchée :

$$\begin{array}{l} CH^3-CO \\ CH^3-CO \end{array}\!\!>C-CH^2-CO-CH^3$$
$$>Cu$$
$$\begin{array}{l} CH^3-CO \\ CH^3-CO \end{array}\!\!>C-CH^2-CO-CH^3.$$

Il est insoluble dans l'eau, dans l'alcool froid, légèrement soluble dans l'alcool bouillant qu'il colore en vert, insoluble dans l'éther. Son meilleur solvant est le chloroforme, d'où il cristallise en belles aiguilles soyeuses.

([1]) BONGERT. *Thèse de doctorat*. Nancy, 1901.

ACÉTONYLACÉTYLACÉTONE.

Ce dérivé cuivrique est décomposé par l'acide chlorhydrique étendu de son volume d'eau. Le liquide est épuisé au moyen de l'éther, cette solution séchée et distillée au bain-marie.

Le produit obtenu est fractionné dans le vide et fournit une première portion de 90° à 120° sous 35mm, et une deuxième de 120° à 156° sous 35mm. Le thermomètre monte rapidement à partir de 120° et s'arrête à 156° sous 35mm.

La portion qui passe à 156° sous 35mm est à peu près incolore; soumise à l'analyse, elle a fourni les résultats suivants :

Substance, 0,2480; CO^2, 0,5631; H^2O, 0,1718.

Soit en centièmes :

	Trouvé.	Calculé pour $C^8H^{12}O^3$.
C................	61,90	61,53
H................	7,69	7,69

Ce liquide brunit à l'air et à la lumière. Il se décompose partiellement à la distillation.

ÉTUDE DE LA PORTION 95°-120° SOUS 35mm.

La portion 95°-120° sous 35mm ne se dissout pas dans le carbonate de soude; elle ne donne plus de sel de cuivre avec l'acétate de cuivre. Elle est insoluble dans la soude, mais se dissout très facilement dans l'acide chlorhydrique; l'eau la précipite de cette solution.

Après l'avoir soumise à de nombreuses rectifications dans le vide, il m'a été impossible d'obtenir une portion à point d'ébullition constant.

Croyant me trouver en présence de l'*acétyldiméthylfurfurane* formé probablement par la décomposition, sous l'action de la chaleur, de l'acétonylacétylacétone, j'ai essayé d'en faire la semi-carbazone.

Traitée en effet par un excès de chlorhydrate de semi-carbazide et d'acétate de soude, elle fournit un précipité coloré en jaune qu'on a filtré, lavé, séché, puis épuisé avec de l'éther bouillant. La partie insoluble dans l'éther a été dissoute dans l'alcool bouillant, qui fournit par refroidissement une poudre fine jaune fondant à 203-204°. Soumise à l'analyse, elle fournit les résultats suivants :

Substance, 0,1622; H^2O, 0,1017; CO^2, 0,3341.

Soit en centièmes :

	Trouvé.	Calculé pour $C^9H^{13}Az^3O^2$.
C..................	56,09	55,38
H..................	6,96	6,56

Toutes les tentatives effectuées soit sur la fraction précédente, 95° à 120° sous 35^{mm}, soit sur la fraction 100° à 120° sous 45^{mm}, qui n'a pas donné de précipité avec l'acétate de cuivre, pour obtenir l'acétyldiméthylfurfurane que je pensais résulter de la décomposition partielle de l'acétonylacétylacétone sous l'influence de la chaleur ou des acides, ou bien quelques-uns de ses dérivés, ne m'ont donné aucun résultat.

Je me suis alors adressé à une autre cétone monohalogénée, la bromacétophénone, qui fournit par condensation avec l'acétylacétone des composés plus stables.

CHAPITRE II.

Action de la bromacétophénone sur l'acétylacétone sodée.

La bromacétophénone $CH^2Br - CO - C^6H^5$ réagit sur l'acétylacétone sodée.

J'ai d'abord traité 20^g d'acétylacétone par 4^g,6 de sodium dissous dans l'alcool absolu, puis ajouté 40^g de bromacétophénone. Le mélange s'échauffe peu à peu et il se forme un précipité de bromure de sodium. Après avoir achevé la réaction en chauffant 1 heure au bain-marie, j'ai distillé l'alcool, traité le résidu par l'eau et épuisé au moyen de l'éther. Dans ces conditions, après évaporation du solvant, on obtient un liquide brun qui ne cristallise pas et se décompose à la distillation.

C'est encore le même produit que l'on obtient si l'on chauffe 25g d'acétylacétonate de sodium avec une solution de 40g de bromacétophénone dans l'éther anhydre, au bain-marie avec réfrigérant à reflux pendant une dizaine d'heures.

Ce liquide s'épaissit et noircit à l'air et pique fortement les yeux. J'ai attribué cette décomposition à la présence d'un excès de bromacétophénone non transformée, et, après plusieurs tâtonnements, je me suis arrêté, pour effectuer cette réaction et purifier le produit obtenu, au mode opératoire suivant :

PHÉNACYLACÉTYLACÉTONE.

A 40g d'acétylacétone on ajoute 9g,2 de sodium dissous dans un excès d'alcool absolu et ensuite 80g de bromacétophénone. La réaction commence à froid, le mélange s'échauffe peu à peu. Il suffit de chauffer quelques minutes au bain-marie pour qu'elle devienne neutre au tournesol. Le bromure de sodium se dépose. Après refroidissement, on additionne le tout d'une solution concentrée d'acétate de cuivre. Il se forme un abondant précipité vert foncé qu'on essore, qu'on lave à l'eau distillée d'abord, puis à l'éther à plusieurs reprises, jusqu'à ce que ce dernier, d'abord fortement coloré en brun, passe incolore. On élimine ainsi la bromacétophénone en excès.

Le dérivé cuivrique ainsi purifié se présente sous forme d'une poudre grise fondant à 219°-220°. On le traite par une solution étendue d'acide sulfurique. Il se forme un précipité légèrement jaunâtre qui recouvre le sel de cuivre. On épuise à l'éther, qui le dissout à mesure qu'il se forme, et l'on obtient, après évaporation de ce solvant, 50g environ d'un corps cristallisé fondant à 57°-58° avec un rendement de 55 à 60 pour 100.

Ce produit, soumis à l'analyse, a donné les résultats suivants :

Substance, 0,2582 ; CO^2, 0,6764 ; H^2O, 0,1532.

Soit en centièmes :

	Trouvé.	Calculé pour $C^{13}H^{14}O^3$.
C.................	71,44	71,55
H.................	6,59	6,42

La détermination du poids moléculaire par la méthode cryoscopique conduit également à la formule $C^{13}H^{14}O^3$:

Poids de substance pour 100g de benzène.............	2g,8074
Abaissement du point de congélation du benzène.....	0°,63

soit

	Trouvé.	Calculé pour $C^{13}H^{14}O^3$.
Poids moléculaire......	218	218

Le produit obtenu a donc pour composition centésimale $C^{13}H^{14}O^3$. Il fond à 57°-58°. Il est très soluble dans l'alcool bouillant, soluble dans l'éther, dans le benzène, un peu soluble dans l'éther de pétrole à l'ébullition, insoluble dans l'eau et l'éther de pétrole froid. Il cristallise en beaux cristaux incolores par refroidissement d'une solution bouillante dans un mélange d'éther et d'éther de pétrole.

Traité par le carbonate de soude en solution étendue, il ne se dissout pas. Au bout de quelques heures, il se dissout dans une solution concentrée qui se colore en jaune.

Le perchlorure de fer donne à sa solution alcoolique une coloration rouge sang très intense.

L'acétate de cuivre fournit dans les mêmes conditions un précipité verdâtre de dérivé cuivrique.

Le mode de formation de ce composé et l'ensemble de ses propriétés, telles qu'elles résultent de l'étude qui suit, montrent qu'il doit posséder la formule d'une tricétone, la *phénacylacétylacétone* ou *diacétylbenzoyl-éthane*

$$\begin{matrix} CH^3-CO \\ CH^3-CO \end{matrix}\!\!>CH-CH^2-CO-C^6H^5$$

formée par la condensation de 1^{mol} de bromacétophénone avec 1^{mol} d'acétylacétonate de sodium et mise en liberté de Na Br, d'après la réaction :

$$\begin{matrix} CH^3-CO \\ CH^3-CO \end{matrix}\!\!>CH\,Na + CH^2Br-CO-C^6H^5$$

$$= \begin{matrix} CH^3-CO \\ CH^3-CO \end{matrix}\!\!>CH-CH^2-CO-C^6H^5 + Na\,Br.$$

La phénacylacétylacétone se conduit, en effet, à la fois comme une dicétone β et comme une dicétone γ.

En tant que dicétone β, elle se combine, comme nous le verrons plus loin, à l'hydroxylamine, à la phénylhydrazine, à la semi-carbazide en donnant des isoxazols et des pyrazols. Elle fournit, en effet, avec ces réactifs, le diméthyl-3-5-phénacyl-4-isoxazol-1, $C^{13}H^{15}O^2Az$, le phényl-1-diméthyl-3-5-phénacyl-4-pyrazol, $C^{19}H^{18}Az^2O$ et le diméthyl-3-5-phénacyl-4-pyrazol-1-carbonamide $C^{14}H^{15}Az^3O^2$. C'est encore les réactions des dicétones 1-3 qu'elle fournit avec les alcalis, l'acétate de cuivre, le perchlorure de fer, le carbonate de soude.

En tant que dicétone γ, elle peut fournir un produit de déshydratation par perte de 1^{mol} d'eau, l'acétyl-méthyl-phénylfurfurane, et se combiner avec l'ammoniaque en solution alcoolique, en donnant naissance à un phényl-2-acétyl-4-méthyl-5-pyrrol-1.

DÉRIVÉ CUIVRIQUE.

Le dérivé cuivrique de la phénacylacétylacétone s'obtient, comme nous l'avons vu, en traitant une solution alcoolique de cette tricétone par une solution aqueuse concentrée d'acétate de cuivre. Le précipité verdâtre formé, aprés essorage à la trompe, est purifié par un lavage à l'eau distillée et ensuite à l'éther, puis dissous dans le chloroforme. Il est très soluble dans ce solvant qu'il colore en vert foncé. On obtient alors de gros cristaux vert foncé, à la condition de gratter les parois du vase avec une baguette de verre.

Ce composé, insoluble dans l'éther, dans l'eau et dans l'alcool froid, est un peu soluble dans l'alcool bouillant, d'où il se dépose en paillettes brillantes par refroidissement.

Chauffé, il fond à 219°-220° au bloc Maquenne, puis se décompose sans se volatiliser.

Dosage du cuivre. — Le dosage du cuivre permet d'assigner à ce dérivé la formule $(C^{13}H^{13}O^{3})^{2}Cu$.

Substance, 0,6350 ; poids de CuO, 0,0978.

Soit en centièmes :

	Trouvé.	Calculé pour $(C^{13}H^{13}O^{3})^{2}Cu$.
Cu.......	12,28	12,67

ACTION DE LA SOUDE.

La soude décompose la phénacylacétylacétone en donnant de l'*acétophénonacétone* et de l'acide acétique suivant l'équation :

$$\begin{matrix} CH^{3}-CO \\ CH^{3}-CO \end{matrix}\!\!>\!CH-CH^{2}-CO-C^{6}H^{5}+NaOH$$

$$= CH^{3}-COONa+CH^{3}-CO-CH^{2}-CH^{2}-CO-C^{6}H^{5}.$$

15g de tricétone sont additionnés de 25g de lessive de

soude à 36° B. La phénacylacétylacétone se dissout dans la soude concentrée et le mélange s'échauffe fortement. On a achevé la réaction en chauffant environ 1 heure au bain-marie. Après refroidissement, on ajoute de l'eau; il se forme une couche huileuse qui surnage. On épuise le tout avec de l'éther. La liqueur alcaline qui reste est concentrée au bain-marie, puis acidulée par l'acide sulfurique. On épuise de nouveau au moyen de l'éther qui, après distillation, laisse comme résidu un liquide distillant à 110°-125°. Ce liquide n'est autre que de l'*acide acétique*. Cet acide a, d'ailleurs, été caractérisé sous forme d'éther acétique au moyen de l'alcool et de l'acide sulfurique.

Acétophénonacétone. — L'éther qui a servi à épuiser la liqueur alcaline laisse, par évaporation, une huile brune qui distille à 185°-190° sous 30^{mm}. Cette huile se décompose partiellement à la distillation et présente toutes les propriétés de l'*acétophénonacétone*, déjà préparée par Paal au moyen de l'acide acétophénonacétylacétique.

Je l'ai d'ailleurs identifiée encore avec l'acétophénonacétone en la transformant en oxime. 5^{g} de ce produit dissous dans l'alcool ont été additionnés de 3^{g} de chlorhydrate d'hydroxylamine et 3^{g} de carbonate de soude dissous dans le moins d'eau possible. Après avoir fortement agité, on étend d'eau; il se forme un précipité cristallin que l'on fait recristalliser dans l'éther ou dans l'alcool. Ces cristaux fondent à 122°-123° et possèdent le même point de fusion que l'oxime de l'acétophénonacétone obtenue par Paal.

PHÉNYL-1-DIMÉTHYL-3-5-PHÉNACYL-4-PYRAZOL.

La phénylhydrazine réagit sur la phénacylacétylacétone comme sur l'acétylacétone elle-même.

5^{g} de tricétone dissous dans l'alcool sont additionnés de

$3^g,31$ de chlorhydrate de phénylhydrazine et 4^g d'acétate de soude dissous dans très peu d'eau. On chauffe 15 minutes au bain-marie. L'huile rouge qui s'est précipitée est décantée, lavée à l'eau distillée et dissoute dans l'éther. Cette solution est séchée sur le sulfate de soude anhydre, filtrée, et abandonne par évaporation un produit qui ne cristallise que très difficilement. On obtient de meilleurs résultats en employant comme solvant un mélange d'alcool méthylique et d'éther. Les cristaux incolores obtenus fondent à 87°-88° et fournissent à l'analyse les résultats suivants :

Dosages de carbone et hydrogène. — Substance, 0,2308; CO^2, 0,6683; H^2O, 0,1335.

Dosage d'azote. — Substance, 0,3425; volume d'azote, 31^{cm^3}; pression, $755^{mm},6$; température, 22°.

Soit en centièmes :

	Trouvé.	Calculé pour $C^{19}H^{18}Az^2O$.
C.............	78,96	78,62
H.............	6,42	6,20
Az............	10,17	9,65

Ces nombres correspondent au phényl-1-diméthyl-3-5-phénacyl-4-pyrazol formé par l'action de 1^{mol} de phénylhydrazine sur 1^{mol} de phénacylacétylacétone avec élimination de 2^{mol} d'eau. La réaction peut être représentée par l'équation suivante :

$$\begin{matrix} CH^3-CO \\ CH^3-CO \end{matrix}\!\!>CH-CH^2-CO-C^6H^5+C^6H^5-AzH-AzH^2$$

$$= 2H^2O + CH^3-\underset{\underset{\displaystyle Az}{\|}}{C}-\overset{\overset{\displaystyle CH^2-CO-C^6H^5}{|}}{C}=\underset{\underset{\displaystyle Az-C^6H^5.}{|}}{C}-CH^3$$

Ce composé est insoluble dans l'eau, très soluble dans l'alcool méthylique, l'alcool éthylique et l'éther.

DIMÉTHYL-3-5-PHÉNACYL-4-PYRAZOLCARBONAMIDE-1.

La semi-carbazide fournit aussi un pyrazol avec la phénacylacétylacétone. Cette dernière se conduit encore avec ce réactif comme l'acétylacétone, comme une β-dicétone.

$4^g,36$ de tricétone dissous dans l'alcool sont additionnés d'une solution concentrée de $2^g,23$ de chlorhydrate de semi-carbazide et 4^g d'acétate de soude. On agite fortement, puis on laisse reposer; au bout de 24 heures, il s'est déposé un volumineux précipité blanc qui, après essorage, lavage à l'eau distillée et dissolution dans un mélange d'alcool et d'éther, fournit des flocons très légers fondant à 262°-264° en se décomposant. Ce composé est insoluble dans l'eau, assez soluble dans l'alcool, surtout à chaud, soluble dans l'éther.

L'analyse et le dosage d'azote ont fourni les nombres suivants :

Dosages de carbone et hydrogène. — Substance, 0,1023; CO^2, 0,2467; H^2O, 0,0602.

Dosage d'azote. — Substance, 0,1665; pression, $748^{mm},8$; volume d'Az, $24^{cm^3},2$; température, 21°.

Soit en centièmes :

	Trouvé.	Calculé pour $C^{14}H^{15}Az^3O^2$.
C	65,77	65,37
H	6,51	5,83
Az	16,22	16,34

Ces nombres répondent à la formule du diméthyl-3-5-phénacyl-4-pyrazolcarbonamide-1.

```
              CH²—CO—C⁶H⁵
               |
CH³—C—C=C—CH³
    ||      |
    Az——Az—CO—AzH².
```

ACTION DE L'HYDROXYLAMINE.

Suivant la quantité d'hydroxylamine employée, la phénacylacétylacétone fournit avec ce réactif, soit l'isoxazol correspondant, soit l'oxime de cet isoxazol.

DIMÉTHYL-3-5-PHÉNACYL-4-ISOXAZOL-1.

20^{g} de tricétone, dissous dans l'alcool, sont traités par une solution de 7^{g} de chlorhydrate d'hydroxylamine dans le moins d'eau possible et, en petites fractions, par une solution concentrée contenant 6^{g},8 de carbonate de potasse. Après avoir chauffé quelque temps au bain-marie dans un appareil à reflux, jusqu'à ce que la solution alcoolique ne colore plus le perchlorure de fer, on distille l'alcool sous pression réduite au bain-marie, on reprend par l'éther, qui fournit par évaporation un produit cristallisé en aiguilles. Il suffit de le redissoudre dans l'alcool bouillant pour l'obtenir complètement pur et incolore par refroidissement.

Ces aiguilles fondent à 124°-125°, sont solubles dans l'alcool et dans l'éther, insolubles dans l'eau et dans l'éther de pétrole. Soumises à l'analyse, elles conduisent à la formule d'un isoxazol, $C^{13}H^{13}O^{2}Az$, formé par l'union de 1^{mol} de phénacylacétylacétone et de 1^{mol} d'hydroxylamine avec élimination de 2^{mol} d'eau. L'isoxazol ne pouvant se former que par la fonction β-dicétonique, la formule développée de ce composé doit être la suivante :

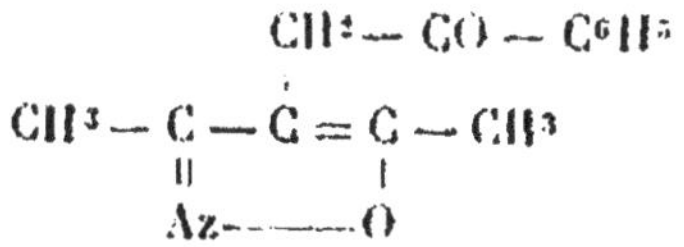

```
              CH²— CO — C⁶H⁵
               |
CH³— C — C = C — CH³
     ||        |
     Az————O
```

Dosages de carbone et hydrogène. — Substance, 0,2221 ; CO^{2}, 0,5935 ; $H^{2}O$, 0,1266.

Dosage d'azote. — Substance, 0,2901 ; volume d'Az, 14$^{cm^3}$,7 ; pression, 768^{mm},9 ; température, 9°.

Soit en centièmes :

	Trouvé.	Calculé pour $C^{13}H^{13}O^{2}Az$.
C.............	72,87	72,55
H.............	6,33	6,05
Az............	6,14	6,51

OXIME DU DIMÉTHYL-3-5-PHÉNACYL-4-ISOXAZOL-1.

Avec un excès d'hydroxylamine, la troisième fonction cétonique réagit à son tour et fournit l'oxime de l'oxazol précédent.

Cette oxime se forme soit directement en partant de la phénacylacétylacétone, soit au moyen de l'oxazol.

5g de tricétone ont été dissous dans 30g d'acide acétique cristallisable, puis additionnés d'une solution aqueuse concentrée contenant 5g de chlorhydrate d'hydroxylamine et 7g d'acétate de soude. Le mélange est chauffé pendant 2 heures au bain-marie dans un ballon muni d'un réfrigérant à reflux. L'acide acétique est distillé sous pression réduite, et il se dépose un produit cristallin que l'on fait recristalliser dans l'éther. Les cristaux obtenus fondent à 127°. Une nouvelle cristallisation dans l'alcool bouillant fournit de gros cristaux incolores et élève leur point de fusion à 131°.

Dosages de carbone et hydrogène. — Substance, 0,2954; CO^2, 0,7361; H^2O, 0,1646.

Dosage d'azote. — Substance, 0,3039; volume d'Az, 31cm³,2; pression, 742mm,3; température, 6°,5.

Soit en centièmes :

	Trouvé.	Calculé pour $C^{13}H^{14}O^{2}Az^{2}$.
C.............	67,96	67,83
H.............	6,18	6,09
Az............	12,12	12,18

La constitution de ce composé est nettement établie par sa formation au moyen de l'isoxazol fondant à 124°-125°. Cet isoxazol, en effet, traité par un excès d'hydroxylamine dans les conditions indiquées plus haut, fournit un produit cristallisé, identique au composé ci-dessus et fondant comme lui à 131°.

Le composé $C^{13}H^{14}O^2Az^2$ n'est autre par conséquent que l'oxime du diméthyl-3-5-phénacyl-4-isoxazol-1 et est représenté par le schéma suivant :

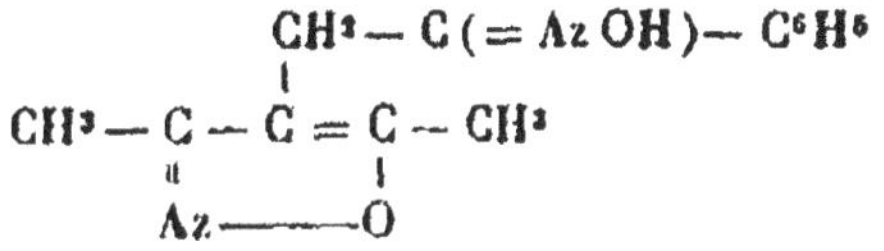

```
              CH² — C(= Az OH) — C⁶H⁵
              |
CH³ — C — C = C — CH³
      ||        |
      Az ——— O
```

ACTION DE L'AMMONIAQUE.

PHÉNYL-2-ACÉTYL-4-MÉTHYL-5-PYRROL.

L'action de l'ammoniaque sur la phénacylacétylacétone est analogue à celle de ce même réactif sur les γ-dicétones. On obtient en effet un dérivé pyrrolique.

10g de tricétone sont chauffés en tube scellé avec une solution alcoolique saturée de gaz ammoniac, pendant 5 heures à 150°. Après refroidissement, le liquide contenu dans le tube se prend en masse dès qu'on ouvre ce dernier, par suite de la formation de fines aiguilles incolores. Ces cristaux s'altèrent rapidement à l'air lorsqu'ils ne sont pas purs, en devenant d'un rouge très foncé, puis se transforment en résines. Mais ils sont très stables et demeurent incolores quand ils ont été purifiés.

Le produit obtenu est essoré, lavé à l'eau distillée, puis redissous dans l'alcool étendu bouillant. Par refroidissement, on obtient des aiguilles incolores fondant à 177°-178°, assez solubles dans l'alcool, surtout à l'ébullition, peu solubles dans l'éther, insolubles dans l'eau et dans l'éther de pétrole.

Dosages de carbone et hydrogène. — Substance, 0,3126; CO^2, 0,8963; H^2O, 0,1862.

Dosage d'azote. — Substance, 0,4673; volume d'Az, 28^{cm^3},8; pression, 750^{mm},3; température, 32°.

Soit en centièmes :

	Trouvé.	Calculé pour $C^{13}H^{13}AzO$.
C..................	78,20	78,39
H..................	6,61	6,53
Az.................	6,85	7,03

Ce composé se forme d'après l'équation

$$C^{13}H^{14}O^3 + AzH^3 = 2H^2O + C^{13}H^{13}AzO,$$

et doit posséder une constitution analogue au diméthylpyrrol obtenu dans les mêmes conditions avec l'acétonylacétone. Il n'est autre que le phényl-2-acétyl-4-méthyl-5-pyrrol représenté par le schéma

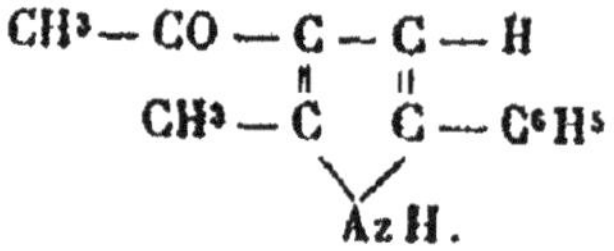

```
CH³ — CO — C — C — H
           ‖   ‖
     CH³ — C   C — C⁶H⁵
            \ /
            AzH.
```

PHÉNYL-1-MÉTHYL-4-ACÉTYL-3-FURFURANE.

Si la phénacylacétylacétone possède une fonction γ-dicétonique, ainsi que le montre l'action de l'ammoniaque sur cette tricétone, elle doit pouvoir fournir par déshydratation, dans les mêmes conditions que les γ-dicétones, un dérivé du furfurane.

Dans ce but, j'ai dissous 10^g de tricétone dans 50^g d'acide acétique cristallisable et ajouté 10^g de chlorure de zinc. Le mélange est chauffé dans un appareil à reflux jusqu'à ce que le perchlorure de fer ne donne plus la coloration des β-dicétones. Il a fortement noirci par suite de la formation de résines. Après l'avoir épuisé au moyen de l'éther et agité la solution dans l'éther avec de l'ammoniaque pour enlever le zinc, puis avec de l'eau, on obtient par distillation du solvant un résidu qui, distillé sous pression réduite, passe à 224° sous 75^{mm}, 220° sous 65^{mm}, 212° sous 50^{mm} et 187°-188° sous 20^{mm}, et se solidifie immédiatement. Il est soluble dans l'éther de pétrole bouillant, d'où il cristallise incolore. Il fond à 56°-57°.

Ce composé, analysé, a donné pour le carbone et l'hydrogène les nombres suivants :

Substance, 0,2381 ; CO^2, 0,6849 ; H^2O, 0,1339.

Soit en centièmes :

	Trouvé.	Calculé pour $C^{13}H^{12}O^2$.
C	78,06	78,00
H	6,24	6,00

Ce composé peut être obtenu beaucoup plus rapidement et avec des rendements excellents (à peu près le rendement théorique) en soumettant simplement la phénacylacétylacétone à la distillation dans le vide. Cette dernière, en effet, se décompose sous l'action de la chaleur en perdant de l'eau et en donnant le composé $C^{13}H^{12}O^2$ qui distille. Il suffit d'une deuxième distillation pour l'obtenir complètement pur.

La formation de ce composé est représentée par l'équation

$$C^{13}H^{14}O^3 = H^2O + C^{13}H^{12}O^2.$$

C'est le phényl-1-acétyl-3-méthyl-4-furfurane :

```
CH³—CO — C — C — H
         ‖   ‖
   CH³ — C   C — C⁶H⁵
          \ /
           O.
```

Il est soluble dans l'éther, dans l'alcool, dans l'éther de pétrole bouillant, insoluble dans l'eau. Il se colore légèrement en jaune à l'air, ne colore plus le perchlorure de fer et ne donne pas de précipité avec l'acétate de cuivre comme la tricétone primitive. Il fond à 56°-57° et distille sans décomposition à 187°-188° sous 20^{mm}. Il fournit une oxime avec l'hydroxylamine et une semi-carbazone avec la semi-carbazide. Avec la phénylhydrazine, j'ai obtenu un précipité cristallin fortement coloré en rouge et fondant à 103°-105°, mais ce produit s'est décomposé très rapidement en une résine rouge foncé et il m'a été impossible de le purifier.

SEMI-CARBAZONE.

4^g de phénylacétylméthylfurfurane en solution dans l'alcool sont traités par $2^g,22$ de chlorhydrate de semi-carbazide et 3^g d'acétate de soude dissous dans le moins d'eau possible. Au bout de quelques heures, on obtient un précipité blanc abondant qu'on essore ensuite, qu'on lave à l'eau distillée et à l'éther, dans lequel il est insoluble.

Il est également insoluble dans l'alcool, même à l'ébullition, très peu soluble dans l'acétone bouillante et l'éther acétique, mais soluble dans l'acide acétique, qui permet de l'obtenir cristallisé.

Il fond à 251°-252°.

L'analyse assigne à ce composé la formule $C^{14}H^{15}O^2Az^3$ qui correspond à la semi-carbazone du phénylacétylméthylfurfurane :

```
CH³— C( = Az — AzH — CO — AzH²) — C — C — H
                                  ||   ||
                           CH³ — C    C — C⁶H⁵
                                  \  /
                                   O.
```

Dosages de carbone et hydrogène. — Substance, 0,2808; CO^2, 0,6763; H^2O, 0,1528.

Dosage d'azote. — Substance, 0,2096; volume d'Az, $29^{cm^3},3$; pression, $767^{mm},8$; température, 10°.

Soit en centièmes :

	Trouvé.	Calculé pour $C^{14}H^{15}O^{2}Az^{3}$.
C..................	65,68	65,37
H..................	6,04	5,83
Az..................	16,69	16,34

OXIME.

4g de phénylacétylméthylfurfurane dissous dans l'alcool sont traités par 2g de chlorhydrate d'hydroxylamine et 2g de carbonate de potasse, en solution aqueuse concentrée, comme je l'ai indiqué pour les oximes préparées précédemment. Il suffit de chauffer 30 minutes au bain-marie. Par refroidissement, la majeure partie de l'oxime est précipitée. On l'essore et le liquide restant est évaporé à sec au bain-marie. On dissout le tout dans l'éther pour séparer le chlorure de sodium formé et l'on obtient alors par évaporation de ce solvant des cristaux qu'une nouvelle cristallisation dans l'alcool bouillant permet de préparer absolument purs et incolores.

Ils fondent à 111°-112°, sont insolubles dans l'eau, assez solubles dans l'éther, très solubles dans l'alcool à l'ébullition et se reprécipitent par refroidissement de ce solvant.

Dosages de carbone et hydrogène. — Substance, 0,2373; CO^2, 0,6286; H^2O, 0,1308.

Dosage d'azote. — Substance, 0,4367; volume d'azote, 23cm³,8; pression, 754mm,8; température, 8°.

Soit en centièmes :

	Trouvé.	Calculé pour $C^{13}H^{13}O^{2}Az$.
C..................	72,25	72,55
H..................	6,12	6,05
Az..................	6,53	6,51

Ces nombres correspondent bien à l'oxime du phénylacétylméthylfurfurane

$$\begin{array}{l} CH^3 - C(AzOH) - C - C - H \\ \qquad\qquad\qquad\quad \| \quad\; \| \\ \qquad\qquad CH^3 - C \quad C - C^6H^5 \\ \qquad\qquad\qquad\quad \diagdown\!\diagup \\ \qquad\qquad\qquad\quad\; O. \end{array}$$

RÉACTION DE BECKMANN.

Le composé précédent pouvant être préparé très facilement et avec un rendement des plus satisfaisants, j'ai pensé qu'il serait intéressant d'appliquer à cette oxime la réaction de Beckmann, en vue d'obtenir l'amide isomérique, amide qui aurait pour formule

$$\begin{array}{l} {CH^3 \atop H}\!\!\rangle Az - CO - C - C - H. \\ \qquad\qquad\qquad\quad\;\; \| \quad\; \| \\ \qquad\qquad\quad CH^3 - C \quad C - C^6H^5 \\ \qquad\qquad\qquad\qquad \diagdown\!\diagup \\ \qquad\qquad\qquad\qquad\; O. \end{array}$$

Dans ce but, j'ai dissous 8^g d'oxime dans 50^g environ d'éther anhydre, puis ajouté 12^g de perchlorure de phosphore. Le ballon contenant le mélange est surmonté d'un réfrigérant à reflux. Le mélange s'échauffe, on le refroidit et on laisse digérer quelques heures, puis on le traite par l'eau. L'éther qui surnage est décanté et fournit par évaporation une masse cristalline fortement imprégnée de résines. On reprend par l'éther à l'ébullition, qui abandonne par refroidissement de petites aiguilles fondant à 146°. Une nouvelle cristallisation dans l'alcool bouillant amène le point de fusion à 147°-148°.

L'analyse de ce composé a conduit aux résultats suivants :

Dosages de carbone et hydrogène. — Substance, 0,2104; CO^2, 0,5603; H^2O, 0,0586.

Dosage d'azote. — Substance, 0,3725; volume d'azote, $20^{cm^3},5$; pression, $758^{mm},6$; température, 10°.

Soit en centièmes :

	Trouvé.	Calculé pour $C^{13}H^{13}O^{2}Az$.
C..................	72,62	72,55
H..................	6,83	6,05
Az..................	6,64	6,51

Ces résultats correspondent bien à la formule de l'amide cherché

```
CH³\
    >Az — CO — C — C — H
 H /           ‖   ‖
        CH³ — C   C — C⁶H⁵
               \ /
                O,
```

mais les rendements sont tellement mauvais que la faible quantité de substance obtenue ne m'a pas permis de pousser plus loin l'étude de ce composé.

J'ai d'ailleurs essayé d'effectuer la réaction de Beckmann sur cette même oxime en employant l'acide sulfurique concentré. Mais le mélange brunit fortement et je n'ai obtenu aucun résultat satisfaisant.

CONCLUSIONS.

I. La condensation des éthers monohalogénés avec l'acétylacétone sodée ne se produit pas lorsqu'on opère dans les mêmes conditions qu'avec les éthers acétylacétique, malonique et cyanacétique sodés. J'ai pu cependant la réaliser avec de bons rendements : pour cela, il faut éviter l'emploi d'un solvant et chauffer le mélange des deux produits au bain d'huile à 120°-130° environ.

Cette réaction a conduit à la synthèse de toute une série d'éthers, dont le premier terme seul, l'éther diacétylacétique, était connu. Tels sont les éthers ββ-diacétylpropioniques, ββ-diacétyl-α-méthylpropioniques, γγ-diacétylbutyriques. Seul l'éther bromoisobutyrique ne réagit pas sur l'acétylacétone sodée.

La saponification de ces éthers ne fournit pas les acides correspondants. Le départ d'un groupement $CH^3 - CO$ donne naissance à des acides cétoniques. L'éthylate de sodium en quantité théorique fournit de même des éthers cétoniques. J'ai obtenu de cette façon les éthers et acides lévuliques, α-méthyllévuliques, β-méthyllévuliques, γ-acétylbutyriques, γ-acétyl-γ-méthylbutyriques.

Ces composés se prêtent très facilement aux réactions des β-dicétones et se comportent généralement comme l'acétylacétone elle-même. L'hydroxylamine et la phénylhydrazine fournissent des oxazols, des dioximes et des pyrazols. J'ai fait une étude particulière de ces oxazols et pyrazols qui possèdent une fonction éther saponifiable et conduisent aux acides diméthyloxazolacétique, diméthyloxazolméthylacétique, diméthyloxazolpropionique, phényldiméthylpyrazolacétique, phényldiméthylpyrazolméthylacétique et phényldiméthylpyrazolpropionique. Les acides carboniques correspondants seuls avaient été obtenus jusqu'à présent.

La semi-carbazide agit différemment. Tandis qu'avec l'acétylacétone on ne peut obtenir que le pyrazol carbonamide correspondant, nous avons vu que le ββ-diacétylpropionate d'éthyle fournit à la fois le pyrazol et la disemi-carbazone. Au contraire, l'éther α-méthyl-ββ-diacétylpropionique ne donne que la disemi-carbazone. Le γ-γ-diacétylbutyrate d'éthyle seul se comporte comme l'acétylacétone, et je n'ai pu préparer avec cet éther que le pyrazol carbonamide correspondant.

II. L'action des cétones monohalogénées m'a amené à la synthèse de deux tricétones d'un type nouveau, l'acétonylacétylacétone

$$\begin{matrix} CH^3 - CO \\ CH^3 - CO \end{matrix} \!\!>\! CH - CH^2 - CO - CH^3$$

et la phénacylacétylacétone

$$\begin{matrix} CH^3 - CO \\ CH^3 - CO \end{matrix} \!\!>\! CH - CH^2 - CO - C^6H^5.$$

Tandis que les tricétones obtenues précédemment possèdent les trois groupements CO unis au même atome de carbone et peuvent être considérées comme des dérivés du méthane, ces deux tricétones dérivent de l'éthane.

J'ai particulièrement étudié la phénacylacétylacétone, qui est beaucoup plus stable, et j'ai montré qu'elle se conduit tantôt comme une dicétone β, tantôt comme une dicétone γ. En tant que dicétone β, elle se combine à l'hydroxylamine, à la phénylhydrazine, à la semi-carbazide en fournissant des isoxazols et des pyrazols. Comme dicétone γ, elle donne naissance avec la plus grande facilité à un produit de déshydratation, l'acétylméthylphénylfurfurane, et se combine avec l'ammoniaque pour fournir un phénylacétylméthylpyrrol.

Vu et approuvé :
Paris, le 22 mai 1902.
LE DOYEN DE LA FACULTÉ DES SCIENCES,
G. DARBOUX.

Vu et permis d'imprimer :
Paris, le 22 mai 1902.
LE VICE-RECTEUR DE L'ACADÉMIE DE PARIS,
GRÉARD.

SECONDE THÈSE.

PROPOSITIONS DONNÉES PAR LA FACULTÉ.

Indices de réfraction; étude des indices moléculaires de quelques composés.

Vu et approuvé :

Paris, le 22 mai 1902.

LE DOYEN DE LA FACULTÉ DES SCIENCES,

G. DARBOUX.

Vu et permis d'imprimer :

Paris, le 22 mai 1902.

LE VICE-RECTEUR DE L'ACADÉMIE DE PARIS,

GRÉARD.

31946 Paris. — Imp. GAUTHIER-VILLARS, quai des Grands-Augustins, 55.

www.ingramcontent.com/pod-product-compliance
Ingram Content Group UK Ltd.
Pitfield, Milton Keynes, MK11 3LW, UK
UKHW021220230726
13926UKWH00003B/1131